— 全球领导力 —

升职，凭什么是你

内卷时代快速升职法则

YOUR NEXT ROLE

How to Get Ahead and Get Promoted

[美] 尼亚姆·奥基夫 著　彭剑 译
Niamh O'Keeffe

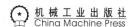

机械工业出版社
China Machine Press

图书在版编目（CIP）数据

升职，凭什么是你：内卷时代快速升职法则 /（美）尼亚姆·奥基夫（Niamh O'Keeffe）著；彭剑译. -- 北京：机械工业出版社，2021.10

（全球领导力）

书名原文：Your Next Role: How to get ahead and get promoted

ISBN 978-7-111-69184-6

I. ①升… Ⅱ. ①尼… ②彭… Ⅲ. ①成功心理 - 通俗读物 Ⅳ. ① B848.4-49

中国版本图书馆 CIP 数据核字（2021）第 209051 号

本书版权登记号：图字 01-2021-1763

Niamh O'Keeffe. Your Next Role: How to Get Ahead and Get Promoted.

ISBN 978-1-292-11250-3

Copyright © 2016 by pearson Education, Inc.

Simplified Chinese Edition Copyright © 2021 by China Machine Press.

Published by arrangement with the original publisher, Pearson Education, Inc. This edition is authorized for sale and distribution in the People's Republic of China exclusively (except Hong Kong, Macao SAR, and Taiwan).

No part of this book may be reproduced or transmitted in any form or by any means, electronic or mechanical, including photocopying, recording or any information storage and retrieval system, without permission, in writing, from the publisher.

All rights reserved.

本书中文简体字版由 Pearson Education（培生教育出版集团）授权机械工业出版社在中华人民共和国境内（不包括香港、澳门特别行政区及台湾地区）独家出版发行。未经出版者书面许可，不得以任何方式抄袭、复制或节录本书中的任何部分。

本书封底贴有 Pearson Education（培生教育出版集团）激光防伪标签，无标签者不得销售。

升职，凭什么是你：内卷时代快速升职法则

出版发行：机械工业出版社（北京市西城区百万庄大街 22 号　邮政编码：100037）

责任编辑：赵陈碑

责任校对：殷　虹

印　　刷：三河市宏图印务有限公司

版　　次：2022 年 1 月第 1 版第 1 次印刷

开　　本：147mm×210mm　1/32

印　　张：8.5

书　　号：ISBN 978-7-111-69184-6

定　　价：69.00 元

客服电话：(010) 88361066　88379833　68326294　　投稿热线：(010) 88379007

华章网站：www.hzbook.com　　　　　　　　　　　　读者信箱：hzjg@hzbook.com

版权所有·侵权必究

封底无防伪标均为盗版　　本书法律顾问：北京大成律师事务所　韩光/邹晓东

谨将此书献给我的女儿米拉。

THE TRANSLATOR'S WORDS
译者序

不管你是公司中的初（中）级管理人员，还是感觉被困在晋升阶梯上的高管，只要你有抱负和领导潜能，且想要使自己在职业阶梯上更上一层，都不妨读一读尼亚姆·奥基夫（Niamh O'Keeffe）的这本书。

这本书是为那些想要弄清楚与自己的晋升息息相关的人和公司政治、想要找到某些答案和某种新的优势、想要更快升职的人准备的。它不仅适合跨国公司员工，而且同样适合所有在中小型公司工作的人。实际上，"如何获得升职"是一项很重要的领导力技能，是你需要反复学习和应用的东西，这项技能对于你驾驭自己在公司中的升职之路（即"领导力之路"）非常关键。

本书围绕"7P升职框架"展开。

- 目标（Purpose）：在将精力集中于你的下一个角色之

前，先停下来，从更具战略性的角度来思考你的长期职业目标和总体职业愿景，以及如何据此安排你的下一个角色。

- 给自己赋能（EmPower）：如果你想迈上更高的层次并取得成功，你就需要掌控自己的职业生涯并给自己赋能。实际上，对自己的升职前景，你可以掌控的比你想象的更多，你要相信自己，去创造，去尽力争取，而不是等待。

- 个人影响力（Personal Impact）：对你迄今为止的整个职业生涯和经历进行评估，充分理解你所拥有的独特经验、所做出的重大转变、你的优势和天赋以及你将带给新职位的后续价值，你可以建立起自己的核心信心和个人影响力，从而对自己担任更高职位的能力更加自信。一旦你对支持自己升职的证据更有信心，别人也会更有信心提拔你。

- 公司政治（Politics）：公司政治也是职场日常生活的现实之一，光靠能力还不足以让你升职。为了获得更多对你有利的机会，你还需要懂得你所在公司的升职政治学，考虑通过"表面上"说的一套和"背后"发生的事情来了解公司。

- 人（People）：列出所有可能决定你能否升职的人，进而绘制出可能涉及的利益相关者的全景图，以及你可能需要建立、更新或修复的关系。弄清楚真正的决策者很重要！

- 业绩（Performance）：光凭业绩还不足以使你升职，"不满足于只做好当前职位的工作"这一点十分重要，但是你要明白，你并不应该因此而忽视你需要在短期内交付的东西。决策者会透过你在当前职位上达到并超过预期（从而赢得关注）的方式来评估你的潜能。

- 主动性（Proactivity）：被动等待不是明智之举，如果你想获得升职，就必须积极主动、直截了当地提出升职要求。暗示不会有用，公司不大可能提拔那些没有自信主动提出升职要求的人。

书中丰富的案例和来自高层的忠告证明了这一框架的有效性。它就你"如何走出舒适区""如何建立令人印象深刻的成果展示平台""如何构建影响力和人际关系网""如何驾驭公司政治和管理利益相关者""如何改进对职位的价值主张""如何腾出时间和空间来战略性地思考长期职业愿景""如何快速追踪到升职机会""如何、何时主动提出升职要求并更快晋升到下一个职位"以及"如何在上任后的头 100 天快速起步并取得成功"提供了富有见地和鼓舞人心的建议。

该"7P 升职框架"中的每一个 P 都极为重要，都不容忽视。通过对照该框架来评估你所拥有的东西，你可以确定自己在哪些 P 的方面具有优势，在哪些 P 的方面存在缺失，并决定下一步具体要做什么。当然，你可以根据具体情况来相应地自由调整涉及各个 P 的行为，如果你在某个 P 的方面感觉很别扭的话，那就更要注意完成与该 P 相关的关键任务。

你越有动力去实现你的目标，你就会越有成就感，也就越有活力和专注力。因此，培养突破界限的自信和勇气，对于展现你的领导力抱负、取得职业生涯的重大进展至关重要！

你，比你想象的更有力量。

彭 剑

2021 年 10 月于大通湖一中

ABOUT THE AUTHOR
作者简介

尼亚姆·奥基夫是一名领导力顾问，其工作是就如何成为一名优秀领导者为公司高管提供建议。尼亚姆提出了一种根植于她所说的"领导力生命周期"的独特方法。这种生命周期方法从战略角度来看待整个领导职位的挑战过程，这些挑战按关键时间节点并以成果为导向分为以下阶段：如何获得领导职位；如何有一个积极的开始；如何坚持到底；何时以及如何建设性地离开该职位，以进入下一个挑战。

尼亚姆有着长达23年的从业经验，其中她在埃森哲（Accenture）公司担任战略顾问8年，在伦敦金融城担任高管猎头顾问2年。此外，她还是First100（www.First100assist.com）的创始人以及由培生集团（Pearson）出版的两本书的作者。

自2004年以来，尼亚姆在First100的领导力咨询工作侧重于，就如何在上任后的头100天取得成功为新晋领导者提供指导建议。这些咨询服务使她可以与客户合作探讨如何在任职后的头100天里提升自己的领导力。本书是尼亚姆与培生集团合作的系列图书的最新补充，也是她所著的两本以"100天"为主题的图书的前篇，这两本书如下。

《100天成就卓越领导力：新晋领导者的First100训练法》[一]（*Your First 100 Days: How to Make Maximum Impact in Your New Leadership Role*），由培生集团金融时报出版社于2011年出版，先后被翻译为西班牙文、中文、日文和韩文。

《100天带好你的团队》（*Lead Your Team in Your First 100 Days*），由培生集团金融时报出版社于2013年出版，被广泛用作管理培训教材。

[一] 本书中文版已由机械工业出版社出版。

INTRODUCTION
引 言

- 谁应该读这本书；
- 你将学到什么；
- 遵循我的建议并获得升职。

谁应该读这本书

任何有抱负和领导潜能、想要在职业阶梯上更上一层的人都应该阅读本书。本书中的升职公式可供任何愿意聪明地工作的人使用。它可以应用于职业阶梯上的任何一级，适用于各层级的领导。

本书的目标受众是公司中的初级和中级管理人员，以及感觉被困在晋升阶梯上的任何其他高级管理人员。本书旨在帮助那些想要更快升职，并试图找出某些答案及某种新优势的人取得成功。这些雄心勃勃的员工希望发挥自己的潜力，不过他们可能会发现，尽管他们已经成功地适应了现有管理职位，但他们现在正陷入困境，不知道要如何处理无法回避的人际关系和公司政治问题，以在职业阶梯上更上一层。

层级不同，晋升的目标也就不同，如：

- 初级管理人员想要晋升为中级管理人员；
- 中级管理人员想要晋升为高级管理人员；
- 高级管理人员想要晋升为总监；
- 总监想要晋升为总经理；
- 总经理想要扩大管理地盘或职责范围；
- 一家公司中排名前100位的领导者想要晋升为公司或集团的首席执行官。

虽然每一步晋升似乎都需要采用不同的方式，但事实上，我的升职公式可以适用于所有这些极为重要的领导角色转变——你只需根据你的层级和能力做适当调整。

尽管我的客户大多是跨国公司的员工，但本书同样适合所有在中小企业工作的人。

你将学到什么

你可能还没有意识到"如何升职"是一项很重要的领导力技能。这是对你可能认为只是公司流程的某些事情的有益再造。一旦你将其视为一种技能，你就会意识到这是你需要反复学习和应用的东西，只有这样你才能稳步走上自己在该公司中的升职之路。

我在整本书中强调的是，你应该尽可能地掌控自己的职业生涯。虽然我们不能控制一切，但肯定可以为我们的职业生涯制订一个计划，并随着时间的推移对该计划进行调整，同时对所发生的事情做出反应。你比你想象的更有力量。你将了解到，给自己赋能并培养突破界限的自信和勇气是多么重要。

> **你比你想象的更有力量**

我给你提供了一些建议和策略，告诉你应该如何走出自己的舒适区以实现升职。你需要建立一个展示你出色成果的平台，需要处理好公司政治，需要打动他人，并创造自己成功的未来。很多人会因为忽视升职决策中的公司政治因素而犯错。我会帮助你读懂公司，并提高你对公司政治的机敏度。如果你学会了如何处理升职过程中的公司政治问题，你就能更好地理解公司背景，更好地影响决策者，并积累对你有利的机会。

在升职竞争中，你可能会认为以某种方式来减少或消除竞争非常重要。但是事实上，我从不认为这是对的。当我与我的客户合作时，我会把注意力完全放在我的客户能做些什么来提升他们自己，并增加他们获得升职的机会上。我不会把竞争和如何减少竞争作为策略的一部分来考虑。如果你专注于提升自己任职的能力，而不是担心竞争，那你就更有可能取得成功。

你将在本书学到的关键技能有：

- 解锁一项重要的领导技能，即"如何获得升职"的技能；
- 进行自我赋能，对获得升职更有信心；
- 提高自身对于公司政治的机敏度，对如何影响决策者以及如何应对公司流程、人员和公司政治有更多的认识；

- 明确如何获得竞争优势，即通过提高自己的能力而不是去担心他人，使自己在同事中脱颖而出；

- 摆脱束缚，即摆脱"事情就是这样运作的"这一框架化思维，为你的成功升职创造更多机会。

遵循我的建议并获得升职

好消息是，如果你真的想升职并遵循本书中的建议，你就会升职。大多数人都忙于处理细节，使自己困在日常工作和生活需要中，以至于错过了更高层面上的一些东西。我会指导你如何退后一步，花点儿时间从战略角度来考虑你的下一个职位变动，并通过战术行动贯彻落实，使你比其他人更有优势。

为什么我这么自信能帮到你呢？因为根据我的经验，你很可能已被框架化

> 你很可能已被框架化了

在某个工作系统中了，所以你对事情发生的方式反应"呆滞"。虽然上大学很棒，但它也使你习惯于用一种特定的

方式思考。加入一家公司是令人兴奋的，也是你开启一段职业生涯的第一步，但你很快就会接受关于公司文化和公司规范（规则）的培训，而你曾经自由的思想会不可避免地屈服于这些制度和框架。

常态可能是这样的：一开始，"你要花 5 年时间成为一名管理人员"；后来，"你要花 3～5 年成为一名高级管理人员"。然后，随着时间的推移，这些自信的陈述逐渐变得模糊和不那么自信，比如，"好吧，这是个金字塔结构，不是每个人都能成功的""在这个职位上表现出色，谁看得到呢"。之后，很多年过去了，没有真正的计划，没有人（尤其是你自己）对你的职业生涯负责。你在公司的时间越长，就越会陷入"事情就是这样运作的"这一思维之中。不时会有同事（或更糟糕的是，之前层级比你低的人）跑到你上面去，这会使你心神不宁。"这是怎么回事？我比那家伙强，他为什么会得到那个职位？"

你内心的平静被打破了，情况应该就是这样。让我来促使你走出你的舒适区，让你真正感受到在职业生涯中被别人飞速超越时你的不适吧。

通过把你从任何僵化的思想中解放出来，让你感受到自己的不安，我可以使你摆脱束缚，得到你想要的。你不需要为自己想得到的东西一再等待，你只要聚精会神、敞开心扉去迎接挑战就好了。

CONTENTS

目　　录

译者序

作者简介

引言

第 1 章　全心投入 1

1.1　做好升职准备 3

1.2　仔细思考你仍未升职的原因 11

1.3　为何仍未升职：十大错误 20

1.4　致力于新的开始 31

第 2 章　你的升职框架 35

2.1　升职框架 37

2.2　升职框架应用案例 44

2.3　将升职框架应用于你目前的情况 58

第 3 章　目标：你为什么想要升职　61

3.1　设定你的职业生涯最终目标　63
3.2　升职是一条领导力之路　72
3.3　你的关键任务：制订你的职业发展规划　76

第 4 章　赋能：掌控你的职业生涯　81

4.1　收回对职业生涯的掌控权　83
4.2　创造，不要等待　86
4.3　你的关键任务：列出赋能策略清单　103

第 5 章　个人影响力：对自己担任更高职位的能力充满信心　105

5.1　欣赏你的经验　107
5.2　驯服你内心的那个批评声　116
5.3　你的关键任务：阐明你的升职价值主张　122

第 6 章　公司政治：积累对你有利的机会　125

6.1　学会读懂公司　127
6.2　建立升职影响力和升职筹码　143

6.3 你的关键任务：了解你升职过程中的公司政治学 154

第 7 章 人：弄清楚谁是真正的决策者 157

7.1 确定决策者及其影响者 159
7.2 发起你的利益相关者运动 165
7.3 你的关键任务：找出你的关键利益相关者 177

第 8 章 业绩：交付出色成果以赢得关注 181

8.1 建立一个令人印象深刻的成果展示平台 183
8.2 发现新一波大浪潮 198
8.3 你的关键任务：提出你的新想法 205

第 9 章 主动性：主动提出升职要求 207

9.1 何时以及如何提出升职要求 209
9.2 准备好升职推销 218
9.3 你的关键任务：写下你的职位愿景和预期工作重点 224

第10章 达成协议 225

10.1 执行你的升职计划 227

10.2 准备好谈判:没有加薪的升职不是真升职 231

10.3 如果公司拒绝给你升职该怎么办 234

10.4 你升职了……现在要干什么?上任后的头100天很重要 240

致谢 246

Your Next Role

How to Get Ahead and Get Promoted

1

全心投入

- 做好升职准备
- 仔细思考你仍未升职的原因
- 为何仍未升职：十大错误
- 致力于新的开始

第1章
全心投入

1.1 做好升职准备

你买这本书是因为你想升职。谁不想加薪，不想有一份更好、更令人兴奋的工作，不想有一个攀登职业阶梯并充分发挥自身领导潜力的机会呢？但是，我想把我对管理培训客户讲的第一点也说给你听听，那就是你可能对自己需要变得成熟和做出改变的程度认识不足。一方面，人人都想快速满足自身的迫切需求。你也许会跳过这部分内容，去寻找一些对你来说能立竿见影的重要技巧和权宜之计。另一方面，如果你想深入学习如何确保领导力在升职（直至最高层）之后得到提升，那么本书将为你提供所需的帮助——前提是你必须做好准备！

> 你买这本书是因为你想升职

当我提到"工作"一词时，我并不只是指你的工作表现。我所说的"工作"的真正含义是，为升职所需付出的全部精力和努力。当然，为了证明你能胜任更高级的职

位，你必须在日常工作中取得不俗的业绩。除了建立一个引人注目的平台来展示你在当前职位上所取得的成果，你

> **学习如何驾驭公司政治和管理利益相关者**

还需要学习如何驾驭公司政治和管理利益相关者，并在遇到任何挫折或意外障碍的情况下，仍有信心和韧性继续前进。正如你很快将在"2.1 升职框架"中了解到的那样，能否升职并不只取决于你在当前职位上的目标及可交付成果实现与否。

如果要说点什么的话，我希望你能通过更出色的工作以及管理好你的团队和他人，来重新平衡你当前工作的时间，同时创造更多空间来做确保你能升职的事情。如果你能给自己和他人赋能的话，那将会帮助你、你的团队和你所在组织取得胜利。

例如，我曾通过一次 45 分钟的对话帮助一位资深客户获得了升职机会，我在这次对话中就他应跟他的领导说些什么提了些建议。几周后，他的领导进入了董事会；几个月后，该客户就从公司的普通合伙人正式升职为首席运营官。很显然，这位客户的下一次升职会变得更加困难，

第1章
全心投入

因为这不仅需要他付出更多努力来提升自信心,而且还需要他做出真正承诺,更加努力地提升自己的领导力。又如,我曾用了18个月的时间才让一位新客户采纳我的建议,并真正改变了她的做法。但是当她做到这一点时,她就超越了她的同事,并被直接提拔为首席执行官管理团队成员。我还有一位想要升职,却根本不准备为此投入更多精力的客户,虽然他入围了"经理升职总监"名单,但很不幸,他因为没有达到总监的任职标准而落选了。

因此,我为你提供了建议,接下来就看你如何利用这些建议了。虽然你想从书中得到什么完全取决于你自己,但你越是开放地对待学习和改变,你就能越快获得升职。

你的意愿和需要同样重要

决策者在考虑升职人选时,通常不会只看候选者的技能,还要看其"意愿"。他们会问自己:"这个人对该职位'有意'吗?他到底有多需要这个职位?这是因

> 升职不只取决于技能,还取决于"意愿"

为，如果他真的需要这个职位，他就会为了在这个职位上取得成功而更加努力地工作，这样，我就会觉得任命他，比任命那些看起来更有资格但是没有激情或说服力的其他人更合适。"

除非我们真的有动力，否则我们在需要尽最大努力时都会有所拖延或变得有些懒惰。就像在接下来的分析中将要看到的那样，你可能不得不面对一些痛苦认知，这些认知与你自己、你所处的环境以及与你在 3 年或更长时间里没有获得升职的原因有关。我列出了所有的可能性，这样你可以更清楚地认识到自己的差距，以及你可能需要如何做出改变。你在一开始可能会觉得这很难，而且不想付出努力来弥补这些差距。或者更糟糕的是，你也许很不乐意做这项工作，以至于你开始快速翻阅分析内容，而没有真正花适当的时间去认真思考和探究自己为何仍未升职。如果你不想做这项工作，那没问题，只是别指望升职！你自己的所有行为就是造成这种令人失望的结果的"秘方"。

很抱歉，我这么认真。可能会有很多人认为我不过是在夸大其词。不管怎样，我正在使你为未来做好准备，这样我才能帮到你，我们才能在"使你一次又一次升职"这件事上推进得更快。你对自己的不足了解得越多,你致力于解决自身问题的速度就会越快,你离升职也就越近。虽然这听起来有悖常理,但我们越是能暴露你的问题并将其摆上台面来讨论,你就会变得越有信心。当你对自己和你所面临的挑战有了更透彻的了解时,你就会有一种如释重负的感觉,这时真正的工作就可以开始了。

在从中层升职到高层的过程中,竞争很激烈,即便是不公开的竞争也同样如此——或者可以说,那些不公开的竞争更加激烈,因为隐形的公司政治和议程更难驾驭。获得升职机会既需要你花费精力,又需要你集中注意力。你当然希望升职,而致力于升职就是在做出自我承诺:你不仅希望升职,而且意愿非常强烈。

- 你到底有多想升职?
- 你准备好成长和做出改变了吗?
- 你愿意承担风险吗?
- 你能走出自己的舒适区吗?
- 你是容易感到气馁,还是会因升职带来的前景而兴奋?

也许你不能不升职

公司生活的麻烦在于，不花时间和精力在升职方面同样会带来很大问题。当你的职位越来越高时，继续升职就会越来越难。虽然职位少了，但需要付出的努力却更多，所以等着看"公司"是否能提拔你，可能感觉会更容易一些。我现在可以告诉你，被动等待是一种非常危险的策略。与同事相比，如果你没有表现出足够的抱负，那你就更有可能被降职或丢掉工作。而且，你以后还会面临中年危机和职业中期危机——到了那时，你会后悔自己在有机会的时候没有努力。

> 被动等待是一种非常危险的策略

我曾和一位资深客户合作过，并帮他成功晋升为高管。作为行政领导团队中的一员，他接下来本可以轻松地利用该平台来瞄准集团首席执行官一职。然而，他很懒（也可能是害怕最高职位要承担更多责任），所以尽管很有潜力，但他还是决定不再往前走了。猜猜接下来发生了什么？集团新任命了一名首席执行官，我的这位客户失去了在最高领导层的位子，被降职为普通董事。所以请仔细考虑你想要什么，如果你还没有完全投入，那被别人再次挤

第1章
全心投入

下去也就不足为奇了。尽管我给你举的是一个层级非常高的例子，但不管是在组织的哪个层级，情况都是如此。如果你在任何层级上都胸无大志，那就不要为失去管理层职位感到意外。

再看一例。我有一位非常资深的客户，他是一家跨国公司排名前200位的领导者之一，并因此有资格进入前25位。我不得不提醒他：有资格并不能保证什么，这只不过是某些可能性的起点而

> **有资格并不能保证什么**

已。我的客户想要升职，却没有意识到他必须为此付出努力。为什么排名前200位的领导者中没人意识到他们中的绝大多数（可能有175人或更多）不一定会（或永远不会）再升职了呢？通常，由25人组成的最高层团队通过最高职位轮换来垄断领导团队数年。因此，最高层很少有变动，但在较低层级中，每年都会产生进入前200位的持续压力。所有这些都意味着即使你挤进了前200位，但是如果你不利用这个机会做出点儿成绩的话，那么你在几年内就会被再次挤出去。这只是个数学问题，但人们却自欺欺人地认为，既然被告知有可能成为排名前25位的领导者，

那自己就会自动获得令人兴奋的前25位领导者的晋升任命。对你们中那些入选顶尖人才计划但是现在还在初级职位任上的人来说，同样如此。在你们二十多岁的时候入选顶尖人才计划，这一切都令人非常兴奋。尽管关于这如何意味着你有可能在"某一天"成为首席执行官，以及你如何走上了通往美好未来的道路，这类公司满是"承诺"，但事实上，这些高潜力优秀人才发展计划往往会在几年内完成，或者在公司需要降低成本时被终止，而且你也许会再次发现，你又在设法为自己寻找通往最高管理层的道路。

我想使你打开眼界，以便你意识到你需要对自己的职业生涯负责，需要用内在动力和自我激励来克服升职（如果你想的话）道路上的障碍，需要投入地工作，当你这样做的时候，凡事就皆有可能。如果你想的话，你甚至有可能成为集团首席执行官。

现在，我们已经讲完了所有这些严肃的东西，如果你仍希望获得积极的学习体验，那么我建议你：继续读下去！别不知所措，把这一切看作积极的学习机会和对你的工作本身的绝佳投资。

1.2　仔细思考你仍未升职的原因

本书承诺为你提供升职方面的帮助。让我们先分析你目前的状况,找出你仍未升职的原因。如果你能很好地解决这一问题,那么你就能更好地弄清楚接下来该做什么。本节与真正忠于自己的工作有关。退一步讲,试着采用一种尽可能超然的视角。如果你感到沮丧,那也不要一下子就认定这是"误解"你的人的错。先从自己的不足着手,尽管这也许会涉及其他因素,但分析结果很可能会揭示出,妨碍你升职的主要因素正是你自己。

分析你未获升职的原因

考虑所有可能妨碍你升职的因素(见表 1-1)。一旦你分析出了根本性的问题,你就能更好地解决这些问题,并快速走上你的升职之路。

表 1-1　分析

妨碍你升职的因素	问题出在哪儿
你	你妨碍自己升职了吗
你的领导	你的领导低估了你,还是高估了你

（续）

妨碍你升职的因素	问题出在哪儿
你的团队	如果你的团队不是一支优胜团队,那么这会妨碍你升职吗
你所在的公司	这是一家竞争很激烈、要解决很多公司政治问题的公司吗
经济形势	经济是处于衰退期还是增长期

你:你妨碍自己升职了吗

我们通常更容易把问题归因于他人和我们无法控制的外部因素。然而,你需要为你正在做(或没有做)而又耽误你升职的事情承担责任。一些关于你自己的未获升职的原因见表1-2。

表1-2 未获升职的原因:你

业绩差距	很显然,你只有在当前职位上表现出色,才有可能获得提拔。此外,你还需要承担你的领导的一些职责,这样你才可能被认为有能力胜任更高职位的工作。你是否实现了你的业绩目标并超出了你的领导的预期?你表现出你有能力胜任更高职位的工作了吗?拿出你最近三次的绩效考核表。这些绩效考核表透露出了哪些关键信息?从中找出与你业绩差距有关的反馈模式
信心差距	如果你认为自己不值得升职,那么其他人也不会认为你值得升职。首先,你需要相信自己。不管怎么说,公司并不是一个完全任人唯贤的地方,最优秀的人并不一定能升职。有时候,自信本身就能使人获得成功。我想使你拥有自信,同时培养你的核心优势,从而使你走上升职之路
认知差距	如果等待别人承认你的努力并没有带来升职,那么这种被动策略对你来说没有效果,是时候主动采取行动了

（续）

技能差距	你是否需要弥补技能（例如战略、领导或技术技能）上的差距？你可能需要自己花时间、花钱来进一步实现自我发展。如果你认为自己还缺乏更高层面的战略或领导经验，那么总有一门培训课程可以弥补你的技能差距——不管是自掏腰包，还是公司资助
行为差距	也许你是因为被认为太过傲慢、太具挑战性、层级太低或者太缺乏自信而无法升到更高职位。通过提高自我意识，并接受合适的导师或教练的帮助，你可以改正无益的行为
人际差距	导致你无法升到更高职位的常见原因在于：你在技术上能力非常突出，但是你缺乏领导他人所需的情商和人际交往能力。你越讨人喜欢，越受欢迎，就越容易获得升职。当然，人们对你的尊重也很重要。你可能会讨人喜欢，但不一定会得到尊重，后者可能是导致你无法升职的原因
沟通差距	也许你的工作非常出色，但是你没有将自己的努力或成果传播出去，这是人们无法获得升职的典型原因之一。在"忙碌"的公司里，如果你自己不去恰当地展示你所做的事情，那么别人是不会愿意花时间去发现你的才华的
形象差距	这一点取决于你所在公司的文化和着装规范，没有展示出正确的形象可能会限制你的升职机会。你可以通过观察你所在公司的高水平管理人员和领导者是如何展示他们自己的，改变自己的着装，来缩小形象差距
其他	妨碍你升职的还有其他特定原因吗？例如，你的声誉有什么问题吗？你是否习惯于承诺过多而兑现承诺不足？没有人想提拔一个只会说大话而没有实际行动的人。如果你是这样的话，那么你需要立即调整你的路线。让人们知道你意识到了自己的错误并已经开始纠正错误，也许是一种强大的"重新开始"策略

好消息是，如果是你自己妨碍了自己升职，并且你承诺做出改变，那么改变自己要比改变别人容易。你可能会

认为一些观点很肤浅——例如,你需要重视你的着装或外表,但是,我只是想让你明白,虽然你我都认为这些事情并不重要,但是对有能力提拔你的人来说,着装或外表可能就很重要。你需要想一想他们看重什么。

请你对自己诚实,写下可能妨碍你自己升职的真正原因。

你的领导:你的领导妨碍你升职了吗

我们在无法升职时都习惯于责怪领导。无疑,领导们的意见通常会对决策产生举足轻重的影响。因此,让我们来谈谈为什么你的领导不提拔你(见表 1-3)。

表 1-3　未获升职的原因:你的领导

被领导低估	如果你的领导对你不予置评,那就向他征求对你的具体反馈意见,让他告诉你,你缺乏什么。例如,你的领导可能会说你对更高职位缺乏足够的"战略性"。不要灰心,因为正确的反馈意见和帮助可以使你缩小任何明显的技能差距
被领导高估	如果你的领导因为你不可或缺而需要你留下来,或者需要你继续衬托他的好,又或者他感觉你威胁到了他,那么他就没有动力来提拔你。这种情况比你想象的更常见
领导对升职决定没有影响力	在一些情况下,你的领导确实很重视你并且推荐你升职,但是他对升职决定没有任何影响力。他可能不想承认这一点,但你必须自己做出判断。你可以把精力集中在你的领导以外,与你领导的上级建立联系,并尝试找出谁才是左右你升职的真正决策者

（续）

尽管领导很重视你，但是他没有承诺帮你升职	你的领导可能很重视你，但是他并没有承诺帮你升职。你要做的工作就是让他承受压力来支持你。也许你需要告诉他你强烈的升职意愿。他可能不想让他的团队成员不快乐，并觉得是时候帮你一把了

判断领导是低估你还是高估你并不会像你想的那么容易。即使领导高估你，他也可能发出混杂的信号，以使你处于他的控制之下，并待在你现有的职位上。判断的一种方法是，找机会与你的领导当面讨论你的升职前景。注意不要以"为什么我还没有升职"这样的消极方式来提问；相反，你应该以"你认为我还需要为升职做些什么"这样更自信的积极方式来提问，然后耐心倾听你的领导怎么反馈。关于反馈，最难办的事情是，判断对方是否真的对你讲了真话，以及你能否对反馈给你的内容坦诚以待。你不必在乎他们所说东西的表面含义，除非你感觉他们说的就是这个意思。困惑了吗？好吧，这可能是有点让人迷惑不解，其实我想说的是，是否要相信领导给你的建议，关键在于你的

> 关于反馈，最难办的事情是，判断对方是否真的对你讲了真话，以及你能否对反馈给你的内容坦诚以待

领导的诚意。你的领导越有诚意，你就越能拿他们的话当真。与领导讨论升职前景的好处在于，你能通过讨论来收集领导对你的看法。另外，如果你和你的领导能就一两个你与更高一级的职位存在差距的方面加以明确，那么你就能更有针对性地解决升职所需解决的问题。

判断的另一种办法是找个你的领导很放松的时候，非正式地问他你还需要为升职做些什么。他可能只会告诉你一些"不公开"的东西，但这些东西最终会比写在你正式绩效评估里的内容更有价值。

你的团队：你的团队妨碍你升职了吗

如果你的团队正在取得成功，那么你有可能乘势而上。不过，你的所有队友都在想着同一件事，因此有关升职的竞争可能会非常激烈。但反过来，如果你的团队没有取得成功，那么对你或该团队中的其他任何人来说，要解释一个表现不佳的团队的成员为什么有资格升职就更难了（见表1-4）。

表1-4 未获升职的原因：你的团队

团队正在取得成功	作为一个为团队的成功做出过贡献的成员，也许你与其他团队成员之间的竞争会非常激烈，因为人人都在争夺少得可怜的几个升职机会

（续）

团队未获成功	如果你是非关键或非优胜团队成员，那么要让你的领导解释给你升职的原因很困难。你可能在解决问题和带领团队提高绩效方面发挥了重要作用，以及（或）在团队表现不佳的情况下，你作为一名优秀的个人贡献者展示了自己的额外价值

你所在的公司：你所在的公司妨碍你升职了吗

在大多数公司中，通常都会有一个由人力资源部门运作且管理良好的升职周期（直到部门经理一级）。虽然从部门经理再往上的升职可能只是"流程"问题，但一些人是如何获得升职的，而另一些人又为何无法摆脱困在中层的窘境，个中缘由并不总是很清楚。这种情况被称为"公司政治"。这是一种公司现实，如果你不参与其中，你的职业生涯就注定伤痕累累（见表1-5）。

表1-5　未获升职的原因：你所在的公司

公司文化	如果你所在公司的升职机会很少或者升职取决于任期，那么与更灵活的公司文化相比，在这种制度化的文化中就更难快速升职。例如，公共服务类公司可能尤为看重任期，这一点无法回避。想想你所在公司的升职标准，以及平均需要多长时间才能升职。你可能得换家新公司才能实现更快升职
权力与公司政治	谁是真正的决策者？例如，尽管人力资源部门无权让你升职，但在许多公司中，他们完全有权阻止你升职。争取让人力资源部的同事以及有影响力的任何其他人士支持你。你可以在人力资源部门需要业务志愿者为他们举办的活动发声时施以援手，或者加入他们的跨公司计划

（续）

结构性性别歧视和无意识的偏向	也许你的公司存在结构性性别歧视和无意识的偏向。决策者可能无意识地偏向于一些看起来像他们或者是他们的校友的员工。女性或LGBT（女同性恋、男同性恋、双性恋和跨性别者）群体的成员可能会发现，要想在男子汉概很足和男性主导的公司中升职特别困难。结构性的内在标准很难改变，如果行为是无意识的，那你所能做的就是利用统计数据、观察和多样性计划来构建对这种行为的认知，或者换家更具包容性的公司
对你所在部门的看法	你可能仅仅是因为所在部门没有被集团总部视为人才库而无法升职。如果属于这种情况，那么你可能需要横向调动到在未来能提供更多升职机会的部门
竞争	人人都能升职当然不可能。公司的组织结构通常呈金字塔形，在基层做核心工作的员工最多，在中层做管理工作的部门经理较少，而在高层做领导工作的主管就更少了。向一位最近升职的同事询问他是如何获得晋升的。那些已经成功的人会非常乐意向他们的后辈谈起自己的成就，并给出建议。这可能是你能得到的最好建议——因为他们知道要怎样才能在这里升职，所以问问他们，听他们聊聊需要为升职做些什么，而他们的经验和建议才是对你升职真正起作用的

经济形势：经济形势妨碍你升职了吗

世界经济自2007年以来遭受了重创，对你而言，在经济形势不好时，更重要的是保住你的工作，而不是升职。这时，"升职"意味着两份工作被合二为一，其中一位领导者失去工作，而另一位的权责虽然扩大但并没有加薪。在这种形势下，你没有像自己先前预期的那样快速升职是可以理解的（见表 1-6）。尽管世界在不断变化，我们还面临着低经济增长这样一种新常态，但经济终会走出衰退，因此你可以对攀登职业阶梯持有更乐观的看法。

表 1-6　未获升职的原因：经济形势

经济形势	在经济衰退时期，升职机会可能会减少。有时候事情真的不是我们能控制得了的。当世界经济崩溃时，你可能需要保住你目前的工作，并耐心等待危机结束。不过，随着经济复苏，如果你能在公司重建过程中发挥增值作用，那你甚至有可能在经济和公司业绩开始回暖时建立一个宝贵的升职平台

得出你的结论

记下你到此为止所有的想法。

妨碍你升职的因素	问题出在哪儿
你	你妨碍自己升职了吗
你的领导	你的领导低估了你，还是高估了你
你的团队	如果你的团队不是一支优胜团队，那么这会妨碍你升职吗
你所在的公司	这是一家竞争很激烈、要解决很多公司政治问题的公司吗
经济形势	经济是处于衰退期还是增长期

现在，让我们来看一下导致人们无法获得升职的十大常见错误，并理性地检视是否有一项与你的情况相符。

1.3 为何仍未升职：十大错误

从你个人的分析中可能会得出一些关于你为何仍未升职的具体见解。一般来讲，人们通常会犯以下十大错误之一，而没有意识到他们是在按照"如何不去犯错"而不是"如何去做好工作"的方法指南在操作。为了避免你犯下任何显而易见的错误，下面给出了"为何仍未升职"的十大错误。

表 1-7　为何仍未升职：十大错误

为何仍未升职：十大错误	√如果"是"，请勾选
1. 我不确信自己能胜任更高层级的职位的工作	
2. 我没有战略眼光	
3. 我不愿意重新安置	
4. 我指望我的工作能自己发声	
5. 我惹恼了我的领导，因为我 ● 不拿最后期限当回事儿 ● 总是承诺过多，而兑现承诺不够 ● 抱怨、八卦或态度不端正 ● 公开使我的领导难堪，或对我领导和雇用我的公司不忠 ● 在领导情绪低落时要求升职 ● 之所以要求升职，是因为其他人升职了	
6. 我在听到建设性的反馈意见时很抵触	
7. 我时不时威胁要离职	
8. 我不会带来超出我当前职位要求的任何价值	

（续）

为何仍未升职：十大错误	√如果"是"，请勾选
9. 我在过去12个月或更长时间里没有提升自己的技能或经验	
10. 我不是一个受欢迎的员工，因为我 ● 很难与人打交道 ● 过于讲究策略，不被所有人信任 ● 道德有问题，或者以前和人发生过冲突，又或者有过不光彩的历史	

如果你勾选了其中任何一项，那你就没有失去所有的希望。你可以从任何情况中恢复过来。这只取决于你在多大程度上愿意为你的行为承担责任，并真正做出改变来实现自我救赎。行动胜于雄辩，因此，如果你的情况符合表中任何一项，那么问问你自己，你可以做些什么来予以纠正。

> 你可以从任何情况中恢复过来

如果你不确信自己能胜任更高层级的职位的工作

我在前面的分析中说过，你可能妨碍了自己升职。根据我的经验，在谈到升职问题时，管理人员和领导者的大多数问题的核心都关于信心。尽管我们间或都会感到不安全，但最没安全感的或许是那些表现出色的公司管理人员或高管。"我真的够优秀吗?"他们会不停地这样问自己。我的升职公式特别强调"确信自己能胜任更高层级的职位的工作"的重要性,原因就在于此。获得升职可能完全取决于你的信心,以及你如何向决策者表达这一信心。

如果你没有战略眼光

你曾听到过"你没有战略眼光"之类的话吗?有时候,当客户找到我时,他就已经在他的领导说起他为何仍未升职时听说了这些话。通常,我的客户不明白这意味着什么以及要如何解决这样的问题。当有人说你的战略能力不够强时,他们的意思是说你只看到眼前的细节,而没有更长远的眼光、更宽广的视角和更具创造性的解决方案。为了训练自己以更具战略性的方式进行思考,你可以想象自己是公司的首席执行官,想想最高领导团队面临着怎样的机遇和担忧。不要拘泥于你当前工作的细枝末节,去思考和谈论公司在未来 3～5 年内需要做些什么吧。然后在这样的背景下,采取更具战略性的方法来实现你想在自己的岗位上实现的目标,并与你的领导展开此类讨论。用诸如"我们的首席执行官议程""着眼长远""我们未来三年的愿景是什么""让我们退后一步看得更全面些"之类的表述来加深对话,当然,你还可以问"我们如何采取更具战略性的方法来解决这样的问题"。

如果你不愿意重新安置

做出"愿意重新安置"的选择可能很艰难。如果你已步入中年,工作、生活稳定(比如孩子们已经上学了),那这显然是个不小的挑战。我强烈建议你在职业生涯的早期(20多岁到30岁出头时)就进行工作上的国际调动。不过,如果你想在事业上更上一层楼的话,那你就需要做好随时搬家的准备。进入一家跨国公司的最高层很可能意味着:在你的家庭成长的同时,你要时不时地搬家。使你的家人离开熟悉的地方也并没有什么不好,除了经济上的回报外,还有许多好处,比如你的孩子可能从接受国际教育以及吸收其他文化的过程中获得自信和经验。这一切都取决于你的心态,你如何构建自己的心态以及你是否愿意把工作调动视为一个让整个家庭拥有绝佳体验的机会。

案例

罗素：如何通过重新安置取得成功

罗素（Russell）当时是一家美国跨国药企驻英国的高级经理。在 20 多岁时，他的职业生涯发展得相当快。他初入公司时是工程师，然后在 5 年内就先后晋升为了经理和高级经理。但到 30 岁出头时，罗素的事业似乎进入了停滞期。

罗素的表现非常出色，取得了超乎预期的业绩。实际上，他启动了两个很有影响力的业务项目，其中一个使该公司制造工厂的直接劳动力成本下降了 50%。尽管这两个项目为他赢得了不少赞誉，并使他有机会接触到公司英国区总裁（Country Managing Director，CMD）和英国区领导团队，但关于升职的决定都是在公司的美国总部做出的，而他在那里基本上不为人知。

罗素意识到，要想获得升职，唯一的办法就是去公司的美国总部工作，提高自己的曝光率。这对罗素来说有点麻烦。他有个年轻的家庭，他妻子更喜欢待在英国抚养孩子。罗素可以选择换家新公司，还是在目前这家公司的美国总部找个短期工作的机会。

于是，罗素向公司英国区总裁提出：他想去美国总部工作一两年。此外，罗素还与在美国的学弟学妹们取得了联系，请他们在了解到任何机会时告诉他。与此同时，罗素还开始寻找在其他药企工作的机会。大约3个月后，公司英国区总裁告诉罗素，美国总部正在招聘一名高级研发经理。这不是升职，但有很大的发展空间。除此之外，这位英国区总裁还告诉罗素，从公司政治角度来讲，让一个可以代表英国公司发声的人来担任这一职位是非常有用的。

这位英国区总裁说，英国公司孤悬于美国总部之外。罗素当然早就知道这一点。这位英国区总裁认为他必须经常访问美国总部，以提醒他们公司在英国还有经营活动。罗素意识到他的机会来了，并与这位英国区总裁谈了他的条件。因为需要解决英国公司孤悬在外这个问题，罗素觉得自己有筹码，他告诉这位英国区总裁，他会去担任这个职位，但前提是必须给他加薪和更高级别的头衔。此外，罗素还明确表示：这并不是永久性的调动，他希望在两年内与家人一起返回英国。这位英国区总裁同意了罗素的条件并承诺给予他支持，同时说服欧洲、中东、非洲三区（EMEA）的营销总监支持对罗素的任命。这样，罗素被任命为了研发总监，并与家人一起搬到了美国。

18个月后，罗素大大扩展了他在公司美国总部的人脉，而且与公司首席运营官和EMEA营销总监打成了一片，并三次向最高领导团队成员汇报工作。另外，他还与公司英国区总裁密切合作，提升公司英国区运营活动在美国总部的形象。离开英国两年后，罗素回到英国担任了公司英国区首席运营官。

因为罗素为重新安置以及通过谈判获得更快发展的机会做好了准备，所以他在两年之内便从高级经理成功升职为了公司英国区首席运营官。

如果你指望你的工作能自己发声

通常，女性犯这类错误的概率大于男性，意指一个人认为只要自己努力工作，就自然会得到认可。然而，事情可不是这样。你的工作不会自己发声，你得把自己的工作说出来。你可以抓住机会在团队会议或跨公司的简报会上介绍你的工作。如果没有

> 你得把自己的工作说出来

机会，那就向议程制定者说明为什么让各方了解你所做事情的最新进展是有益的，并借此创造机会。

如果你惹恼了你的领导

不升职的最好办法就是用你糟糕的行为、态度或做法不断地惹恼你的领导。有时候，这并不是说你"人品不好"，而是说你和你的领导在重要问题的认知上不一致。一些简单的事情，比如不守时和总是推迟20分钟才开始工作，都会让你的领导很生气。这可能会导致他产生消极的联想，比如你对工作不上心、你没有努力等。试着弄清楚你的领导看重什么，并在他看得见的地方表现出这些行为。不要愚蠢地以八卦、不忠诚或任何方式去激怒你的领导，这样只会阻碍你

获得升职机会。惹恼你的领导没有任何好处。

如果你在听到建设性的反馈意见时很抵触

> **当有人给你提出反馈意见时,把它当作礼物来对待**

当有人给你提出反馈意见时,把它当作礼物来对待。尽管你可能接受,也可能拒绝,但首先要试着去理解它。无论你最初是同意还是不同意对方的反馈,都要感谢对方,并花时间思考一下你要怎么感谢他。接下来,你一定要花时间思考这些反馈。你所听到的反馈中有什么可取之处吗?也许对方通过指出一个事实、一个盲点或一个看法,就为你提供了最大的帮助。现在,不管是对还是错,你都获得了关于别人如何看你的更多信息。如果外界对你的看法不准确,那就不要扮演受伤者。你有责任去纠正对你的错误认知,并依据任何建设性的反馈意见来进行自我梳理。

如果你时不时威胁要离职

当一些表现出色的高管压力很大时,他们通常威胁要离职。我有个客户,他每两个月就要递交一份辞呈,并且通常是在公司政治让他不知所措时提出的。虽然他的领导知道如何应付他以及如何让他重新冷静下来,但人人都知道,这种发脾气的行为很幼稚。如果你总是表现出不安心工作的样子,那公司又怎么会对长期投资于你感到放心呢?威胁要离职远不是一种赋能策略,而可能被别人认为是你故意这样。总有一天,公司会认为这些都是空洞的威胁(这会使你看起来很弱小)或者不能指望你会留下来,这样就会产生不信任。尽管你可能是在寻找机会来证明你对于公司的价值,但你却冒着被贴上"不成熟"标签的风险,而这样的标签在未来很难从公司记忆中抹去。

如果你不会带来超出你当前职位要求的任何价值

如果你不想升职,那就继续待在你目前的职位上吧。如果你想升职,那就要想着去承担你目前职位以外的责任。问问你的领导,你还能帮上什么忙,并提出新的想法。继续在你目前的岗位上证明你的价值,并不断突破极限,展示出你有能力承担更多。人们通常会对你带来超出你当前职位要求的价值有所期待,想一想你能做些什么来满足这种期待。

如果你在过去 12 个月或更长时间里没有提升自己的技能或经验

如果你不学习，你就会停滞不前；或者更糟糕的是，你会落后，而这时你的所有竞争者都在不断提高技能以获得成功。如果你想升职，那你就不能骄傲自满。因为其他人也都希望升职，所以你要不断地学习和成长，在下一轮升职到来时展现出能够胜任目标职位的能力。你可以报名参加合适的培训和领导力发展课程，如果你的公司不愿在你身上投资，那就利用你自己的资源来投资你自己。从长远的投资回报来看，这样做是值得的。

如果你不是一个受欢迎的员工

受欢迎很重要，不讨人喜欢的影响也很大。我总是说，公司归根结底是高度人际交往的场所，被选中的升职者应该是能发挥影响力的人。你可以试着用恐惧去影响他人，但这并非灵丹妙药，最终你的同事或那些害怕你的人会设法把你拉下来。受欢迎并不意味着你必须成为魅力四射、性格外向的领导者典范。这里所说的"受欢迎"仅表示你需要成为别人信任并乐于为之工作的人。

1.4 致力于新的开始

将自己沉浸在分析中,并对照"为何仍未升职:十大错误"进行理性检视,现在要花点儿时间来反思并留意你的发现了。

- 哪些发现让你吃惊?是惊喜(好的)还是意外(不好的)?
- 这些发现反映出什么模式了吗?
- 你有什么新的见解吗?
- 你对自己所存在的问题有什么综合结论吗?你应该怎样解决这些问题呢?

得出你的结论	
我仍未升职的五大原因	关于我可能采取哪些行动的说明

对一个"防守甚于进攻"的群体而言,"三年或更长时间未获升职"通常是可以理解的。在大多数公司中,部

门经理这个群体承担着所有繁重的工作，并要在关键期限内完成任务。作为激励，升职前景就摆在他们面前。但可能数年时间过去了，却并没有出现任何实质性的升职机会。"被挤压的中层"承受着来自善于委派工作的上级的巨大压力。他们的团队中通常人才或人手不够，因此他们往往不得不亲自披挂上阵以填补资源缺口。你也许对之前的同事抢先一步总有种挥之不去的怨恨，或者对自己还没有被提拔感到愤怒，又或者你需要说服别人相信你当前的职位对你创造的明摆着的价值而言是不公平的。如果这就是你的风格，那我能理解。但是，如果你想跨越中层并获得升职，你就得改变你的态度。

  我碰到的主要问题与那些根据自己想象的标准认定自己有资格升职的部门经理有关，而与公司授予更高级别升职时所给出的理由几乎或根本没有关系。我理解他们的困惑。成为一名部门经理意味着要做好自己的工作，而被提拔为部门经理是对所有辛勤劳动的回报。然而，从部门经理再往上的升职，规则可能会略有不同，但很少有人能像表1-8所示的那样明确理解或传达过这些规则。

表 1-8　升职规则揭秘

"我工作很努力，所以我理应获得升职"	**现实问题**：你应该努力工作，这是你的工作，这是你现在要做的事。努力工作并不意味着你应该获得升职
"我上次升职是在三年前了，现在也该升职了"	**现实问题**：除非有明确的政策，否则服务年限并不意味着你会自动获得升职。这种想法过时了
"我是个很优秀的部门经理，我理应获得升职"	**现实问题**：优秀的部门经理有很多。很多人都会成为优秀的部门经理。你将怎样使自己脱颖而出，展示出你的领导潜力呢
"我在人才名单上，所以我无论如何都会获得升职"	**现实问题**：进入人才名单可能会在从初级职位到中层部门经理的职业发展过程中发挥作用，但依靠人才名单来获得升职的策略太冒险了。通常情况下，人才名单只是纸上谈兵，在特定环境下，在必须决定谁接替谁的时候，决策者往往会弃之不用
"我不在乎能不能升职" "我不需要钱"	**现实问题**：对那些不想投入工作的公司员工来说，这是有史以来最冠冕堂皇的借口。其实，他们的言下之意是"我不想努力"。如果你属于这种情况，那好吧，接受它，在你目前的职位上继续混吧，只是不要同时又扮演什么受伤者。你是否要努力工作取决于你自己

我给你的建议是：将你的负面包袱抛到九霄云外，然后致力重新开始。感到委屈、怨恨和愤怒于你毫无帮助。决策者希望提拔的是乐观向上、有领导潜力并将带着对未来任务和挑战的热情与积极态度去担任新职的人。

> 将你的负面包袱抛到九霄云外，然后致力重新开始

我有位担任高级经理的客户，他总是唠叨、抱怨自己为什么还没有升职。这让他的上司颇为不快，因为这听起来让人感到他受了多大委屈似的，而不是他真正有动力和精力要为了所有相关方的利益去升职。别发牢骚了！这种策略不可能给你带来升职。

　　以积极的态度重新开始吧，将任何不公平的感觉转化为一种建设性的决心，去为获得升职而努力。你不必等到升职了才拥有新的开始，而是现在就可以致力于一个新的开始。对工作生活中想要的东西有了更多的了解，并且制订了职业生涯发展规划，那么今天就是重新开始并获得新的工作目标感的机会。

Your Next Role

How to Get Ahead and Get Promoted

2

你的升职框架

- 升职框架
- 升职框架应用案例
- 将升职框架应用于你目前的情况

第 2 章
你的升职框架

2.1 升职框架

当我回顾自己帮助客户升职的各种方式时,我意识到有种潜在模式显露出来,这是一个适用于任何情况的升职框架,它始终是大局观、长期战略和短期策略的结合。尽管我的一些客户已经很成功且资历很深,但他们却给人一种迷失方向、停滞不前或者陷入当前角色平台期的危险之中的感觉,而他们还没有发挥出自己的领导潜力。

我们聊到了他们认为自己有什么样的潜力,以及他们真正想要从自己的职业生涯中得到什么。我们还在对话中聊到了他们真正喜欢什么、他们真正的才能在哪儿,以及他们如何从工作中重新获得快乐感和目标感。在这之前,多年来日复一日的劳累和越来越盛的不满情绪意味着他们的活力在不断下降,同时他们也逐渐丧失了工作的真正乐趣。我会问我的客户他们最终梦想的角色是什么,并要求他们重新树立更高的目标,然后我们就能更容易地找到达成目标的最快途径。所以我们总是从在心里树立一个目标开始，然后回到目前的现实来计划下一步。这个主题就是"**目标：你为什么想要升职**"。

潜力丧失感通常伴随着一种对如何解决问题的失控感。我向我的客户解释说，等公司来认可他们的才华太被动了，显然不是一条通往成功的明确道路——他们需要重新掌控自己的职业生涯，并规划好下一步的行动。这个主题就是"**赋能：掌控你的职业生涯**"。

我现在向你解释这一切，这样你就会明白：你也需要从大局开始，始终梦想着心仪的角色，并重新掌控自己的职业生涯。如果你知道自己想要什么，那么规划出达成目标所需的升职路径就会更容易一些。这有助于你获得一种被激励感，同时也有利于你快速进入接下来的步骤。

我还意识到：人们过于关注当前角色，而对晋升到未来角色的定位不够。这时，主题变成了"**定位：将自己定位于未来的成功**"。最认真、最勤奋的部门经理们为了他们当前角色的应交付成果忙得不可开交，以至于他们错过了成长、拓展和发现下一次重大职业发展的机会。因此，尽管这似乎有违这类勤奋工作的部门经理们的直觉，但我还是要建议我的客户少考虑一点当前角色，多思考一点未来角色。但是，这并不意味着当前角色的应交付成果会变糟。如果说有什么区别的话，那就是一旦你开始更具战略性的思考，你就会意识到你在现有工作中做得太多了，而领导力不够，你有许多机会让你的团队或其他人站出来更好地支持你。

> 你在现有工作中做得太多了，而领导力不够

上面提到的升职模式过于注重业绩，而对成功升职所需的所有其他方面却不够重视。我认为，在通往你梦想的最终角色的道路上，要获得接下来的升职，就必须有一个稳固的业绩跟踪记录和成果展示平台，或许你还需要提出一些新想法来打动利益相关者。之后还有四个关键方面，具体如下。

（1）**个人影响力**：对自己担任更高职位的能力充满信心（缺乏信心会导致在每个转折点都会普遍出现无意识的自我破坏）。

（2）**公司政治**：积累对你有利的机会。

（3）**人**：弄清楚谁是真正的决策者。

（4）**主动性**：主动提出升职要求。

对我的一些客户来说，最后一点——"主动性"是最难的。对初级员工来说，询问他们想要什么要容易得多。这或

许是因为初级员工没什么可以失去的，一切都可以通过展示抱负来获得。但我注意到，客户职位层级越高，他们在面对公司更高层级上的更激烈的公司政治时，就越需要勇气主动表明他们真正想要的东西。无论如何，这都是确定你下一步行动的关键部分——什么时候提出要求以及如何提出。

考虑到这些，我把我的经验融合到了"升职框架"一节中，现在我很高兴与大家分享。

升职框架有三个关键部分（见图2-1），这三个部分为我们引入了成功升职七要素中的三个：目标、赋能和定位。

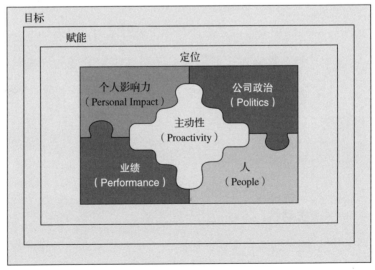

图 2-1 你的升职框架

第一部分 目标：你为什么想要升职

如果你能理解并定义你的更高工作目标，那么你将会有更大的内在动力去实现你的升职目标。而有了明确的"为什么"动机，你就会更加精力充沛，更能将升职选项集中在你希望实现的长期目标，以及你喜欢和推动你发展的东西上。你越有动力去实现你的目标，你就越有成就感，就越有活力和专注力——别人会注意到这种焕然一新的活力，这样你升职的可能性就更大。只要从长远角度考虑你想要实现的目标，你就可以在做出你的下一次预期升职抉择时表现得更明确、更果断。

> 你越有动力去实现你的目标，你就越有成就感，就越有活力和专注力

第二部分 赋能：掌控你的职业生涯

你必须掌控你的职业生涯并对升职负责。简单地等待别人来决定你的价值是一种软弱的表现，没什么策略可言。你拥有的选择比你想象的更多。你可以选择你的升

职目标。你每天都可以做出决定,而这些决定要么帮助你实现升职目标,要么分散你对这项任务的注意力。虽然你无法控制工作环境中发生的事情(尤其是当你的职位层级较低时),但你可以控制自己的反应方式并做出反应。

第三部分 定位:将自己定位于未来的成功

考虑到长远目标和梦想,你需要确定下一个最佳职位来帮助你实现它们。一旦你确定了下一个升职目标,或者有个理想的升职机会摆在你面前,那你就应该相应地将自己定位于未来的成功。你尤其需要知道,这超越了通过在你的当前职位取得成果来确保你想要的:

- **个人影响力**:对自己担任更高职位的能力充满信心;

- **公司政治**:积累对你有利的机会;

- **人**:弄清楚谁是真正的决策者;

- **业绩**:交付出色成果以赢得关注;

- **主动性**：主动提出升职要求。

在该核心层面上，为了升职而对自己进行定位就像是在玩拼图游戏，其中每一块拼图都得用上，并且所有拼图都需要嵌合在一起，以拼出一幅完整的升职就绪图。重要的是，不要忽视拼图中的任何一块。例如，如果你的业绩是最好的，但你却为公司政治所困扰，那你就很可能无法获得升职。任何组合都是如此，准确校准每个"P"很重要。又如，你可能准备好了其他4个"P"，但如果你缺乏勇气来展示主动性的话，那你所有的努力都将是白费。有人可能会说，公司政治比业绩重要，但我并不主张该观点在所有情况下都是对的。

该升职框架构成了本书其余部分的结构基础。接下来，我将为7个"P"中的每一个专门辟出一章来详细介绍。

本书下一章将从定义你的"目标"开始。不过，首先还是让我给大家举几个应用"7P"升职框架的例子吧。

> 为了升职而对自己进行定位就像是在玩拼图游戏

> **成功升职的 7 个 P**
>
> 1. 目标（**P**urpose）：你为什么想要升职
>
> 2. 赋能（Em**P**ower）：掌控你的职业生涯
>
> 3. 个人影响力（**P**ersonal Impact）：对自己担任更高职位的能力充满信心
>
> 4. 公司政治（**P**olitics）：积累对你有利的机会
>
> 5. 人（**P**eople）：弄清楚谁是真正的决策者
>
> 6. 业绩（**P**erformance）：交付出色成果以赢得关注
>
> 7. 主动性（**P**roactivity）：主动提出升职要求

2.2　升职框架应用案例

我想根据我参与的一些关于客户升职的案例来向你概述所有"P"是如何发挥作用的。这些案例可以帮助你关注两类主要的转变——从部门经理到总监（或用构成公司"高层领导"的任何头衔来代替"总监"，如副总裁）以及从总

第 2 章
你的升职框架

监到最高管理层（C-Suite，直接向首席执行官汇报），并给你提供一些可能相关的例子，以证明并非只有你一个人在努力得到想要的东西。你还可以看到如何将该升职框架应用于实际场景。我希望你能着手熟悉这个框架，这样你就不会认为它只是一个精巧的管理咨询理论，而会觉得它实际上是一个适用于所有案例的框架，并开始认识到你的 7 个 "P" 的存在或缺失。你越是擅长于发现这些 "P"，你就越能把该框架应用于你的实际情况和升职环境中。

> 开始认识到你的 7 个 "P" 的存在或缺失

案例 1　从部门经理到总监

马克在一家金融服务咨询公司工作，他来找我是因为他想从部门经理升职为总监。他所在的公司是一种竞争性金字塔形组织，在那里要么获得升职，要么离开。他雄心勃勃地想从部门经理升职为总监，以证明自己是"干高管的料"。一方面，公司似乎有一个由人力资源部门主导的透明升职流程，有一套明确的标准和年限。另一方面，公司里又似乎有种普遍的共识，即不管官方的标准如何，最终的结果将归结于：当公司做出升职决定时，是否有一位资深的保荐人在会议室里替你极力争取。这和保荐人的资历及影响力有关，他的发言可能会凌驾于其他人和任何正式标准之上。

我们的任务是"如何让马克升职"，其实质是：

- 帮助马克大幅增加其客户销售额，以达到进入总监候选名单的最低门槛。所有其他业绩条件均已达到。

- 确定并获得一两位关键高层人士支持，要求这些关键高层人士：①肯定会参与决策；②有可能为马克做担保，并在马克与候选名单上其他强有力的候选人竞争时极力替他争取。

以下是与这一指导任务有关的其他直接挑战：

- 马克只说不做。我们对他应该做什么达成了一致，但他没有贯彻到底。这通常是缺乏信心的缘故，有时是因为他缺乏接受指导和创造性地运用这些指导的能力。

- 马克还具有戒备心理,并有一种毫无助益的错误的权力感。他必须付出更大的努力来获得这次升职。

- 马克是个善于交际的人,很有魅力,但实际上他并不擅长推销自己。他发现建立关系相对容易,但要达成交易则困难得多,并且为了寻找不会有结果的所谓机会,他还浪费了太多时间在与初级客户的接触上。

- 最后,尽管马克给了我一份 25 名参与升职决策的利益相关者名单,但他没有将至关重要的人士排出优先顺序,也从未见过其中的大多数人。

如何将这个案例与升职框架关联起来

目标:马克想升职是因为他想要获得外在的地位和利益,不过他并没有真正的意愿。尽管马克很想要升职,但当涉及他要为获得升职做什么时,却又非常抵触。例如,会见资深利益相关者需要勇气,尝试谈成更大的业务需要努力。对马克来说,听到对他表现和态度的直接反馈是痛苦的,而且会更容易产生抵触情绪而不是去纠正错误。就内在与外在的动机而言,马克还没有真正意识到自己想要从职业生涯和生活中得到什么,也就是说,他没有目标感。任何障碍都能轻易地使马克气馁。与其说将升职障碍视为学习机会，倒不如说每个障碍都隐隐约约威胁到了马克的现有状况和自满感。我需要和马克进行交流，以找到一些真正的、确保他升职的个人目标和动机，这样他就可以投入工作了。

赋能：马克需要我的帮助来给他自己赋能，以使他能更多地掌控自己的职业生涯并对此负责，同时尽一切努力升职。他的受伤者态度意味着他只会埋怨别人，并会在他被确定不能升职时早早地切换成防御模式。

个人影响力：马克的主要才能是他与人打交道时的自信和他受欢迎的程度，所以我们可以利用这一点来做些文章。

公司政治：我们就公司如何实际做出升职决策对公司政治做了一番简要解读。马克还向上一年出任总监的人征求意见和建议。从中我们了解到，马克的一位同事在没有达到最低销售收入条件的情况下获得了升职，因为她向公司提出了一个非常有创意的创收想法。如果马克没有达到最低销售收入门槛的话，也许我们可以借鉴这种做法。

人：有必要使马克和与他所在部门有联系并且会参加

升职决策会议的两位关键人物迅速建立关系。考虑到马克在个人影响力上的优势，我并不担心他在这方面的能力。

业绩：马克做得相当不错，但他却没有利用机会在团队之外展示自己的成果。

主动性：马克应该更加积极主动地接触资深同事。他需要告诉人们他想要升职，需要向人们施加压力来支持他发展，需要请他们帮他影响关键的利益相关者。

接下来发生了什么

马克和与他升职有关的一位主要内部利益相关者一起安排了一次资深客户介绍晚宴。这是个绝好的机会，可借机与他的利益相关者快速建立一种强大的关系，因为晚宴前后都有简报会，所以马克有机会给他的利益相关者留下深刻印象，并与之建立联系。

马克的另一位主要内部利益相关者非常热衷于在其实践中引入多样性和包容性议题，因此马克自愿参加了一个工作小组，并在此基础上与这位保荐人建立起了牢固的关系。

注意在赋能、主动性、公司政治和人等方面的进展。

在为取得成功和争取利益相关者而进行的长达数月的

出色策略定位后，马克入围了升职名单，但销售额仍是他的短板，因此要解释为什么是他而不是名单上其他销售额更高的人获得升职，还缺乏一个真正有说服力的理由。所以我们着力展示马克的领导潜力。我们查看了集团首席执行官的议程，试图弄清楚这位首席执行官关心什么以及公司的成长机会在哪。我们发现，这位首席执行官希望建立一个专门处理企业道德与信任事务的新咨询实践机构。这个机构的工作与马克直接相关，他终于发现了自己与真正目标间的联系。马克并没有觉得自己只是在不断地建电子表格，而是觉得这其中有一些他会引以为傲并能影响他人的东西，这是个可以让他真正发光的领域。

马克认为，参与这一新的实践还将开辟一条与某个小众专业领域有关的职业发展道路，这是当前的一个热门话题，其热度会持续相当长的时间。他最终可能成为一名行业代言人和该主题方面的权威。因此，我鼓励马克与他的升职利益相关者联系并告诉他们，虽然他在销售额门槛上有所欠缺，但如果他获得升职的话，他将在处理企业道德与信任事务的过程中努力发挥积极的领导作用。马克主动向利益相关者描绘了他对这一新实践领域的愿景（例如，如何将该机构组织得更好）以及如何将其推向市场的一些创意。尽管这最终存在很大的风险，但随着一场成功的人员公关活动的进行，以及他在首席执行官议程优先考虑的主题方面主动采取了一些措施，马克获得了升职。

请注意，升职框架的所有要素都已就绪：

目标：找到一个贯穿你整个职业生涯并对你具有深远意义的真正议题，并建立你与该议题的联系。

赋能：从责怪他人转变为做出选择并重新掌控自己的职业生涯。

个人影响力：尽早给人留下积极的印象，并迅速建立相互间的信任。

公司政治：不要只依据人力资源部门的规定，弄清楚会议室里的保荐人都是谁以及他们关心什么同样至关重要。

人：接触主要利益相关者并与之快速建立关系。

业绩：销售业绩记录欠佳的问题因为在新实践中运用创造力和创意而得到解决。

主动性：做到积极主动，不灰心，愿意从新的角度进行尝试。

案例2 从总监到最高管理层

珍妮在事业上做得很出色，而她也一直认为自己有一天会成为首席执行官。虽然她曾很快就从初级职员获得升职，并且现在是公司里一位很有名的总监，但在珍妮看来，她的事业似乎停滞不前。她意识到自己根本不了解从总监升职到最高管理层并最终获得首席执行官一职这其中的升职"规则"。她本可以选择对自己迄今为止的成功感到高兴，因为她很可能在目前的职位上再干上十年，但她对自己未能充分发挥领导潜力感到很不满意。另一件让她烦恼的事情是，她的一些同事似乎正处于职业生涯的上升通道中，而她最近的职位变动则似乎更多地表现为职责的横向和侧向变化，而不是任何重大升迁。珍妮来找我帮助她升职。

我们一致认为，考虑到珍妮目前的起点，她需要制订一个"三步走"的首席执行官计划（即要实现"成为集团首席执行官"这一目标需分三步走），而第一步就是使她通过担任首席运营官这一职位晋升为最高管理层。如果她能从首席运营官的职位上再转岗到该公司最大的业务部门之一担任掌控者，那对她成为下一任首席执行官将非常有利。

我们的任务是"如何让珍妮升职",其实质是:

- 与现任首席执行官建立直接联系,并设法给他留下深刻印象,以便在公司首席运营官职位出现空缺时,珍妮能成为首选;
- 为珍妮营造良好的氛围,以便在首席执行官讨论任命珍妮为高管的可能性时,其他高层人士能正面影响他的决策,或至少不反对这样的任命。

你可能会认为这样概括我们需要做的事情未免太过简单了。但事实上,如果你想成为一名首席运营官这样的高管,那这是由现任首席执行官决定的事,基本上你只需要关注这种关系和那些能影响他的人。在这个层级,尽管你可能被正式告知公司有一个升职流程,但公司其实并没有。这个层级上的升职计划通常不会广而告之,有关继任的对话都是关起门来私下进行的,尽管人力资源部门事后总是会用"征求所有人的意见""就继任计划进行咨询""最多考虑三名候选人"等说辞来对此予以合理化描述,但这通常都取决于时机和公司最高层的一时兴起。

以下是与这项任务有关的直接挑战:

- 珍妮不会去向现任首席执行官要求该职位。事实表明,珍妮在向上发展时存在信心缺失的问题。珍妮不愿意向现任首席执行官阐明她对公司未来的愿景,因为她担心自己的主动可能会冒犯他而不是令他高兴。

- 珍妮很乐意游说所有其他利益相关者并取得他们的支持,除了现任首席执行官!

- 在这项指导任务中没有其他直接挑战了。

如何将这个案例与升职框架关联起来

目标:珍妮的最终目标是成为公司首席执行官,因为她想有所作为。珍妮认为,她对自己所在的行业有种战略眼光;她还认为,自己目前所在的公司已经变得非常官僚化了,面临来自新竞争对手的威胁,并不再处于最佳成长模式。珍妮进一步认为,如果由她担任首席执行官的话,她会在领导团队中注入更多的商业意识,并能建立一套更好的领导行为和价值观。珍妮的目的性促使她想要继续升职,终于,对事业停滞不前的不快以及想有所作为的内在动机,促使珍妮走出了自己的舒适区,并就她的下一次职务变动与现任首席执行官展开了对话。

赋能:珍妮对于向首席执行官提出担任这个职位的要求感到很紧张。实际上,她花了一年时间在"个人辅导与支持"上才有勇气做到这一点。如果你感觉这段时间似乎很长,那么你是对的,但请注意不要太过苛求。在这样的高层职位上,风险非常大,对被拒绝的恐惧也更为强烈。珍妮还必须对自己充满信心:她真的可以获得这个职位!

个人影响力:珍妮精力充沛,多年的努力和富有成效的工作为她赢得了良好的声誉,而且她在公司内部很受欢迎。

公司政治:珍妮在公司工作的时间足够长,她知道如何在文化上与人打交道,并且深谙与不同的人(包括她自己的上级、主要业务部门的首席主管以及集团人力资源部)打交道时的公司政治。她足够精明,知道如何接近她的利益相关者,并知道说些什么可以让他们来支持她升职。

人：珍妮毫不费力地弄清楚了别人对她升职前景的看法并获得了他们的支持。但遗憾的是，她被"去和现任首席执行官坦率地谈论自己的职业抱负"这个想法深深吓到了。对她来说，这太仓促了，她宁愿等着这位首席执行官来发掘。但你猜怎么着，这种情况到目前为止也没有发生过，所以被动等待不是明智之举，我必须说服珍妮。

业绩：珍妮已经在业绩上一次又一次地证明了自己，所以她在当前职位上的业绩不成问题。不过，为了成为最高管理层的一员，我认为珍妮应该写一份有关她对公司未来愿景的报告，这样她才能成为最高管理层职位的有力竞争者。

主动性：珍妮在与首席执行官这位非常重要的利益相关者打交道时十分欠缺主动性。她始终下不了决心去向现任首席执行官提出她想担任首席运营官一职这件事。

接下来发生了什么

我花了12个月时间才说服珍妮向首席执行官推销她自己。这段时间里，她在让所有其他利益相关者都支持她这方面做得非常好。他们对她的支持大大增强了她的自信心。另外,现任首席运营官已经在该职位上工作了四年多,并已暗示他可能退休,珍妮知道自己的时间不多了。她终于行动了。她提出了如果自己担任首席运营官的三年愿景和上任后头 12 个月的工作重点。首席执行官对她的想法和业绩记录留下了深刻印象。在向首席执行官提出她想担任首席运营官六个月后,空缺出现了,而珍妮也顺理成章地获得了任命。

请注意,升职框架的所有要素都已就绪:

目标:珍妮十分清楚自己为什么要把担任首席运营官作为晋升至首席执行官"三步走"职业发展规划的第一步,她认为自己可以在首席执行官职位上发挥出自己的领导潜力,并做出重大贡献。她希望展示出一种更具合作精神的领导方式,改善公司文化,并使公司在这个行业中重新焕发昔日荣光。

赋能:珍妮知道被动等待对她没有好处,所以她通过给自己赋能来掌控自己的职业生涯。一开始珍妮试图把问题外包给我,好像找到我就能"解决"这个问题。但是,我建议并支持她自己做该做的事。

个人影响力:珍妮是一个值得信赖的高管、一个聪明的人且颇受欢迎。

公司政治：珍妮对与她所在公司中的人打交道有很多心照不宣的了解。她知道还有谁会被考虑担任这个职位，但她没有把时间浪费在担心竞争或参与任何低层次的公司政治活动上。在撰写关于首席运营官一职的愿景报告以支持公司未来发展时，珍妮将注意力放在了对公司最有利的一面。

人：珍妮针对有能力影响到首席执行官的人士发起了一场成功的公关活动，因此当首席执行官理性地检视她是否有资格担任首席运营官一职时，没有人表示反对或对听到她是考虑中的人选而感到惊讶。

业绩：在展示自己对公司的愿景时，珍妮拥有良好的业绩记录和一些重要的领导理念来支持这一愿景。

主动性：珍妮最终找到了合适的人来帮助她升职。

2.3　将升职框架应用于你目前的情况

我为你提供了两个重要的升职过渡案例——从部门经理到总监、从总监到最高管理层，希望你能从这些经典的升职过渡案例中找到某些与你的情况相关的东西。至少，我希望你能够习惯于利用该升职框架分析案例，然后再将之应用到你自己身上。你有着怎样的"我想要升职"的故事？你现在可以开始认识到这7个"P"在你职业生涯中的存在或缺失了吗？

> **你有着怎样的"我想要升职"的故事**

虽然你还没有读完我对每个"P"的详细解释，但现在让我们来看看你眼里的你与各个"P"之间的关系，并按照你目前如何将各个"P"应用于你的升职前景来评估你所做工作的有效性，以及你在哪些方面需要改进。如果这意外地使你对明天需要做什么有所顿悟（甚至在你阅读本书其余部分之前）的话，那就太好了！

7个"P"	根据你目前如何将各个"P"应用于你的升职前景来评估你所做工作的有效性（高、中、低）
目标：你为什么想要升职	
赋能：掌控你的职业生涯	
个人影响力：对自己担任更高职位的能力充满信心	
公司政治：积累对你有利的机会	
人：弄清楚谁是真正的决策者	
业绩：交付出色成果以赢得关注	
主动性：主动提出升职要求	

考虑到这项评估，让我们在接下来的七章中更深入地探讨7个"P"中的每一个，这样你就能更加熟悉我是如何定义它们的，并加深你对"如何将各个'P'应用于你的情况"的理解。

Your Next Role

How to Get Ahead and Get Promoted

3

目标：你为什么想要升职

- 设定你的职业生涯最终目标
- 升职是一条领导力之路
- 你的关键任务：制订你的职业发展规划

第 3 章
目标：你为什么想要升职

3.1　设定你的职业生涯最终目标

你真的有想过你为什么要升职吗？与其仅仅因为加薪而接受一份工作，不如退后一步，从战略角度出发思考你希望从自己的整个职业生涯中获得什么。一方面，快速升职（例如通过换一家规模比较小的公司）有时在短期内似乎是个不错的升职想法，但这会不会限制你未来的职业发展呢？另一方面，在一家规模较小的公司中，也许你有机会发挥更大的影响并感觉更加充实。不管属于哪种情况，在将精力集中于你的下一个角色之前，先暂停一下，从更具战略性的角度来思考你的职业生涯最终目标，以及如何在这个背景下安排你的下一个角色。

> 从更具战略性的角度来思考你的职业生涯最终目标

- 你最终梦想的角色是什么？
- 你走在实现这个梦想的道路上吗？

- 你有更高的工作目标要实现吗?

- 你是想要一份工作、一份职业还是想要完成你的使命?

- 你为你所做的事情感到自豪吗?你接下来想做什么?

- 将来,当你回过头去看你的"工作遗产"时,你的职业是否值得你投入全部精力?

乍一听,这似乎有些夸张——毕竟,你读这本书只是为了升职,而不是为了考虑你的"工作遗产"!如果你现在运营的是一家呼叫中心,并且你关注升职主要是为了涨薪,从而帮你支付房贷,那这似乎是有点儿过了。不过,我建议你在采取你职业道路上的下一个升职步骤前,退后一步,试着花点时间去更具战略性地思考一下你希望自己的"工作遗产"是什么样的。如果你能想明白你希望自己的"工作遗产"是什么,那你将能够更深入地去追求你的近期目标,并因此更有可能实现这些目标。你在工作上花了那么多的时间,那为什么不好好对待你的职业呢?在维持生活的同时,如果感

> 更具战略性地思考一下你希望自己的"工作遗产"是什么样的

第 3 章
目标：你为什么想要升职

觉你在不断充实自己并朝着最终的职业成就努力迈进，那会是件多么好的事情！

抱持长远心态

长远心态将帮助你获得在短期内升职所需的能量和动力，因为你将能够从更远大的最终目标出发来看待任何挑战或障碍。如果你知道自己正在朝更远大的目标迈进，那么现在公司会议上的琐碎政治把戏就不大可能让你感到不安。牢记最终目标，你就可以将自己解放出来，像你自己希望的那样雄心勃勃。你可以利用图 3-1 所示的方法来发现你的更高工作目标。

> 牢记最终目标，你就可以将自己解放出来，像你自己希望的那样雄心勃勃

更高工作目标示例

"发挥我的领导潜能"

"释放他人的潜能"

"有所作为"

"发挥影响力"

"改变世界"

"使客户服务质量改观"

"连通世界"

"使企业更好地发挥社会作用"

你的爱好和兴趣是什么?
什么让你感到快乐?
你认为自己什么时候最有工作成就感?
谁鼓舞了你?
你希望在你的生活中实现什么?

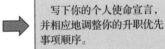

写下你的个人使命宣言,并相应地调整你的升职优先事项顺序。

图 3-1　发现你的更高工作目标

如果你能将个人使命和公司使命关联起来,那你就会进入职业黄金状态!你越是与公司的目标保持一致,你就越有可能变得更快乐、更投入、更有动力,公司也就越有可能想留住你并不断给你升职,而你与公司的利益就趋于一致了。

职业黄金状态＝个人满足＋敬业＋动力＝工作成功率提高＝公司与个人利益一致＝升职!

第 3 章
目标：你为什么想要升职

展现真实的自己

如果你对自己想通过一生的工作来发挥什么影响有更深入思考的话，那么你将对自己想担任的下一个角色以及为什么会这样想有更好的认识。你越是能把自己的灵魂融入工作，你就越能安心于自己的工作身份，也就越有可能在工作中取得成功。公司越来越扁平化，越来越民主，所以对上恐惧感逐渐消失，体现真正领导力的时候到了。年轻人越来越要求他们的领导者表现出真诚，因此公司的高层职位晋升正越来越多地取决于个人性格。与拥有战

> 对上恐惧感逐渐消失，体现真正领导力的时候到了

略头脑相比，即便践行自己的价值观并没有那么重要，但也一样是升职的前提条件。年轻人希望他们是在为有意义的目标努力，希望领导者成为他们真正的榜样。现代的准领导者们必须对自己的追随者真诚，因为真诚很难伪装，所以你能更容易弄清楚自己的核心价值观，并相应地制订自己的职业生涯规划。

渴望真诚对所有人来说都是个好消息，因为这意味着你不再需要像 20 世纪 90 年代的经理或领导者们应做的那

样千篇一律。你只需做自己，并拥有个人的长处、特质和经验即可。当然，你需要有领导力，但你鼓舞和激励他人追随的能力将来自你的个人能量，而不仅依赖于管理和控制结构。

制订你的职业生涯规划

用长远的心态和真诚来对待于你而言真正重要的东西，来考虑你的职业生涯规划。想一想你现在所处的位置，以及将带你走上最终目标之路的下一个职位会是什么。例如，我曾和一位梦想成为集团首席执行官的总经理合作过。当我问她"晋升为集团首席执行官需要先担任什么样的职位"时，她说那必须是一个业务型职位，比如成为该集团最大市场经营实体之一的总裁。成为一家大型经营实体总裁的最佳途径是先确保获得该实体财务总监的职位，然后再担任该实体首席运营官。所以她的职业生涯规划是：先升职为集团美洲区财务总监，然后再升至集团美洲区总裁，最后晋升为集团首席执行官。从"无规划"转向"实实在在的职业生涯规划"可能会是非常自由的。表 3-1 所示的职业生涯规划可以帮你将注意力集中在当前角色的思维和行为上，以思考你现在需要做什么才能胜任接下来的每一个角色。

表 3-1 你的职业生涯规划

职业生涯最终目标示例："到 2025 年成为集团首席执行官"		
发展规划	职位	实现时间
期望的最终职位	集团首席执行官	10 年内
过渡性职位	大区总裁	5 年内
下一个职位	首席运营官	3 年内
预期升职	财务总监	12 个月内
当前职位	高级财务经理	

"从长远考虑"的策略要比你认为的更有谋略。你的领导希望提拔有领导抱负的人。在他们看来，每次升职终究都是将你作为公司潜在领导者进行的一次投资。别人会因为你展现和传达抱负、制订职业生涯规划而对你印象深刻。你需要相信自己。毕竟，如果你对自己都没信心的话，那别人为什么要用信任你的方式来赌公司的未来呢？牢记你的职业生涯规划，并着眼于下一次升职，让我们来进一步研究你要如何将自己定位于升职成功。

> 别人会因为你展现和传达抱负、制订职业生涯规划而对你印象深刻

来自高层的忠告

专业人士应该有自己的目标,尤其是在领导层。公司有目标。为什么员工会没有呢?如果你正在高层寻找一个能鼓舞人心的人,很显然,一个没有目标的人是无法鼓舞人心的。如果我能描绘出我想要我们去的地方,然后你跟着我爬上山,那要比我把你推上山成功得多。

阿里尔·埃克斯坦(Ariel Eckstein)

领英(LinkedIn)EMEA 总经理

你对想要什么样的生活和职业生涯都应有目标,但不要太刻板。我是个非常心血来潮的人,回想起我的职业生涯,如果我更有目标的话,我想我可能会取得更大的进步并且会进步得更快。一开始我就有种错觉:人们只要注意到我的出色工作就会提拔我。

在我们公司中,人们非常重视在其职业生涯中获得不同经验(包括新兴市场经验和西方市场经验）的人。另外，拥有不同的职能经验至关重要，举个例子，升职到首席执行官并非只能走销售这一条路。

做好你该做的事。要自信，但不要自大。这涉及使一切保持平衡。虽然这与知道你渴望你的职业生涯向前发展、知道你雄心勃勃的人有关，但你应该认识到自己需要成功地为企业做出贡献。将这种平衡保持得比较好的人，在关注自身职业生涯发展的同时，还懂得其自身的发展是建立在把工作做好、培养员工及其团队，以及为企业做出贡献的基础上的，这样的人非常适合晋升至最高层。

简·格里菲思（Jane Griffiths）

杨森制药公司（Janssen Pharmaceutical）主席

想想你不愿妥协的地方，想想你是否加入了对的公司。在2015年的大多数英国公司中，除非存在严重的制度问题，否则做你自己以及你

> 的身份认同（男性、女性、少数族裔、LGBT 或残障人士）都有可能成为增强你个人影响力的工具和额外资源。即使是在由男性主导的公司环境中，这也可以将你区分开来，使你与众不同。想想你是否可以发起某个项目。问问自己的身份认同是什么，你能利用这种认同来突出自己，在别人无法做到的地方增加价值吗？
>
> 斯蒂芬·弗罗斯特（Stephen Frost）
>
> 哈佛大学客座研究员
>
> 毕马威（KMPG）多元化与包容性主管

3.2 升职是一条领导力之路

人人都想获得升职，而这最终意味着要踏上领导力之路。让我们花些时间来真正理解这一点。如果你想继续升职，那么你最终还是需要有勇气和能力来领导员工和团队。你的职位越高，就越有可能需要设定愿景并领导由数百或可能数千员工组成的团队。这是充满责任感和

第 3 章
目标：你为什么想要升职

影响力并令人兴奋的职位。它是你想要的吗？在你职业生涯的早期，技术和职能专长会帮助你升职，但随着你的进步，你需要从依赖技术和职能专长转变为能够管理和领导他人。我不是想使你退缩。实际上，我是想帮你在这场博弈中取得成功。我要向你指出的是：在升职方面表现得雄心勃勃，就意味着你希望在将来成为一名领导者，就意味着你将减少对技术和职能专长的关注，转而提高你通过他人获得最佳表现的能力。如果这对你来说没什么问题的话，那么想想你希望成为什么样的领导者，并且现在就开始真正投资于你自己，以改进你管理和领导他人的方式，这永远都不会太早。

> 想想你希望成为什么样的领导者

- 你想成为领导者吗？
- 你希望成为什么样的领导者？
- 你准备好从技术和职能专长向领导力专长转变了吗？
- 你是否具备了在目前环境下获得升职所需的现代领导力技能？

现在就投资于你的员工管理技能

我要强调的是,升职是一条领导力之路,但由于某些奇怪的原因,公司并不总是清楚地说明了这一点。技术专长在初级层面颇受重视,以至于通常在仅仅几个职位的升职之后,人们就"发现他们自己"在管理别人,而他们根本没有接受过与"如何成为一名优秀的员工管理者"有关的任何培训。如果你能在管理大量员工之前尽早鼓动公司为你提供员工管理技能方面的资助,或者自己掏钱在公司以外学习相关课程,那么你就可以从同事中脱颖而出,并赢得与公司里所有人都合得来的良好声誉。这种与众不同对你未来的升职前景至关重要。

开始表现得像个领导者

你不需要等升到领导职位上时才开始表现得像个领导者。你可以成为同事中的领导者,或者散发出你的领导潜力。你需要重新定义你目前的工作,以便做出更具战略性的贡献。让你的团队为你努力工作,这样你就可以腾出时间和空间来考虑新的想

> 腾出时间和空间来考虑新的想法

法。或许你对公司的某个新成长领域有一个宏大构想（有远见），又或许你注意到了公司在新的颠覆性技术方面缺失大局观（有战略眼光），或者你只是在激励和管理员工方面很在行（有员工管理技能）。

开始表现得像个领导者

有远见：谈论未来和各种可能性。

有战略眼光：着眼全局，注重长期目标。

展现真实的自己：在工作中展示你真正的自我。

鼓舞他人：激励他人并使他们充满热情。

充分利用你周围的人：鼓励他人说出自己的想法。当别人干得好时要表扬他们。

有效运作：达成你的目标。

建设性地突破界限——挑战：在公司会议上保持警觉和倾听，只做对他人有用的事。换句话说，不要为了说话而说话。少即是多。

给会议带去活力——保持乐观：在提出问题时，你也应提出解决方案。

3.3 你的关键任务：制订你的职业发展规划

根据你现在的层级，给你自己制订只涉及 3~5 个职位的规划。减少在每个职位上待的时间，以加速进入下一个职位。例如，如果你所在公司的常态是每次升职要花 3~5 年的时间，那么想想在这个职位上只待 2~3 年需要做些什么。

你的职业生涯最终目标："成为……"		
发展规划	职位	实现时间
期望的最终职位		
过渡性职位		
下一个职位		
预期升职		
目前职位		

> **来自高层的忠告**
>
> 在考虑担任下一个领导职位时，你应该对"该职位之后的职位是不是你想要的""这一次升职会如何帮助你获得它之后的职位"等问题有清

第 3 章
目标：你为什么想要升职

> 醒的认识。当你是一名领导者时，这些问题是你需要考虑的关键问题。到了你需要更清晰地表达你想做什么的时候了。虽然你可能是一名普通领导者，并让你的利益相关者知道你为下一次升职做好了准备，但有时候，你也需要更为专注和具体地了解你想要什么。
>
> 维米·格雷瓦尔 – 卡尔（Vimi Grewal-Carr）
德勤咨询（Deloitte Consulting）创新与交付模式管理合伙人
>
> 获得升职与出色的领导力、公平、真实、尊重和诚实有关，这些都是与你作为一个人而不是你履行特定职责的能力有关的事情，当然，履行特定职责的能力也很重要。成为人们愿意与之共事并尊重的一个人是极其重要的。很多时候，一个人无法升职的原因可以归结为人们不想与之一起工作。除此以外，你还需要着眼全局并展现出在下一个层面上运作的能力。利用你的好奇

> 心去拓宽并提升超出你核心能力之外的知识面和理解力非常重要。如果你在一个范围较窄的职能岗位上待了很长时间,那么当你想晋升到更高层的职位时,就需要对你不熟悉的事情做出判断。
>
> 梅·法菲尔德(Mai Fyfield)
>
> 天空广播公司(Sky)首席战略官
>
> 对我来说,有三点很重要。首先,你需要做自己,这意味着你要有自己独特的观点。根据我的经验,高层人士不喜欢对任何事情都说"是"的人。你需要有自己的观点和想法,并且不要害怕说出来。其次,你需要能够说"不"。尽管这可能是我们这类公司所独有的,但你需要能够说"不",并在必要时寻求帮助(无论是在资源还是其他方面)。最后,你需要建立一个由认识你和支持你的人构成的人际关系网,因为他们认可你的领导潜力并乐意与你合作。这三点要

第 3 章
目标：你为什么想要升职

> 比显而易见的关键要求（对我来说就是"业绩"）更重要。这些是最高层领导者需要做到的，因此为了升到最高层，你需要表现出你能做到这三点。
>
> 彼得·斯科德尼（Peter Skodny）
> 埃森哲咨询公司大区总裁
>
> 今天的现代领导者需要平易近人、真实并做到言行完全一致。
>
> 伊恩·鲍威尔（Ian Powell）
> 普华永道（PWC）主席兼高级合伙人
>
> 始终牢记你接下来的两个步骤。除了在自己周围聚拢优秀人才外，还要始终以卓越品质来交付成果和执行任务，这是老生常谈。当你作为领导者组建你自己的团队时，你应该在公司内、外部广寻人才并吸收专家。带领一个有才华的团队走向成功将帮助你获得关注并拥有先进的事迹，

> 而以适当的方式把事迹讲出来的能力将为你带来机会。
>
> 科拉姆·霍南（Colum Honan）
> 医疗器械公司运营总监

Your Next Role

How to Get Ahead and Get Promoted

4

赋能：掌控你的职业生涯

- 收回对职业生涯的掌控权
- 创造，不要等待
- 你的关键任务：列出赋能策略清单

第 4 章
赋能：掌控你的职业生涯

4.1 收回对职业生涯的掌控权

在你职业生涯的早期，你可能受到公司流程和人力资源政策方面的严格约束。作为初级员工，你也许有过正式或非正式的导师，他们关心你的成功，培养你的才能。然而，随着你在公司的地位不断上升，你总不能老是依赖别人来欣赏和认可你。在高层，每个人都忙得不可开交。到了你该成长并掌控自己的职业生涯的时候了。扶植你并用"你很有价值""你的工作做得很棒"之类的话来不断打消你的疑虑不是别人该做的事。如果你想迈上更高层并

> 到了你该成长并掌控自己的职业生涯的时候了

取得成功，你就需要掌控自己的职业生涯并给自己赋能。

在所有的公司环境中，你都需要有主见，即你需要坚持自我，不要事事都亲力亲为，在会议上为自己辩护，坚持自己的信念，在预算和资源方面据理力争，并且知道你能为公司带来什么。升职也是如此。你需要相信自己，并尽力争

> 你需要相信自己，并尽力争取

取。公司的金字塔形结构（高层职位比底层职位少）意味着职位竞争加剧，问题变成了"你能提供什么东西来证明你比你的同事优秀——这意味着我们应该在你身上投资吗？"你需要给自己赋能，自己找到这个问题的答案，这样你就会保持强劲的升职潜力。但是，首先要激发你内在的决心，现在就决定掌控自己的职业生涯吧，立即开始做这件事永远都不会太早。

来自高层的忠告

在职业生涯的早期，人们常常会将自己取得成功的原因外化。他们会把成功归结为他们有一个好领导，或者仅仅是运气好。你必须在某个时刻认识到：是你自己对自己的成功负责，更重要的是，是你自己掌控着自己的成功，掌控着自己的职业生涯。

加雷思·麦克威廉斯（Gareth McWilliams）
BT Business/SME 运营总经理

第 4 章
赋能：掌控你的职业生涯

激发你内在的决心

你内在的决心就是要解决"你足够优秀，可以升职"和"你将尽力争取"的问题。环顾你的四周——我想也并没有那么多能够承担高难度工作的能人。即使你不比你的同事更优秀，我相信你也一样出色。至少，你有潜力且愿意学习。看看在你之上的那些人。不错，其中一些确实令人印象深刻，但不是所有人都这样。你与高层人士接触得越多，你就越能看清他们的缺点。我们常常错误地把公司高层领导置于神坛之上，并用他们根本配不上的美德来称颂他们。而把他们从神坛上请下来，你能更清楚地看出他们擅长什么、不擅长什么，并认识到他们和你一样有优点和缺点。因此，你要下定决心为了这次升职尽你最大的努力。你并不比别人差，甚至可能比大多数人都要更优秀。永远别忘了："如果别人能做到，那我也能。"

一旦你下定了内在的决心，那你的目标就会更加坚定和专注。通过简单地下定决心——你确实想要升职，你就增加了自己获得升职的可能性，你就更有可能采取必要的措施来获得它。这种能量也会有意识地（通过你的行为）

或无意识地（通过你的活力）传递给他人。决策者会从你身上看到并感受到这一点，你渴望获得该职位的热情就更有可能给他们留下深刻印象。

通过掌控局面，你将变得不再被动，也会避免表现得像个受伤者。等待从来不会到来的电话很令人失望，并可能导致日后的痛苦和遗憾。而且，责怪他人并表现得像个受伤者，对你的健康也是有害的。对自己的升职前景，你可以进行的掌控比你自己意识到的要多。

4.2　创造，不要等待

我的建议是，与其等待年度晋升轮次、高层认可或某种令人安心的信号，不如不要等待任何事情。创造，不要等待。你可以创造机会来推动你的职业生涯向前发展。有时候，富有创造性可以使你更快获得升职，甚至是越级升职。通过采取行动，你就是在掌控并一步步创造你想要的结果。

不要等待任何事情

第 4 章
赋能：掌控你的职业生涯

赋能策略示例

- 直接提出升职要求

- 给你的领导留下深刻印象

- 创造一个新角色

- 构建你的人际关系网

- 加入一家新公司

- 给自己升职

- 主动接受海外派遣

- 使你目前的职位更具战略性

直接提出升职要求

你曾提出过升职要求吗？有时候，你只需在对的时间、以对的方式向对的人提出要求，你可以很快获得你的升职机会。不相信吗？但这种情况确实发生了。我曾和一位想要升职为首席战略官但从未提出过这一要求的总经理合作过。我说服他

> 你可以很快获得你的升职机会

87

在公司下一次领导力发展活动的午餐时间与集团首席执行官预约半小时,并向这位首席执行官介绍自己对公司未来愿景的思考,同时进行相应的升职推销。这是个有策略的时机安排,因为我知道这项活动的重点是培养领导者的士气,因此集团首席执行官会以良好的心态和开放的态度来鼓励有前途的领导者说出自己的想法。我的这位客户带着一份经过他深思熟虑的报告去参加了会议,他给与会者留下了非常深刻的印象。而且,他与集团首席执行官的餐叙也极为成功。六个月后,首席战略官的职位空缺,而当空缺出现时,这位集团首席执行官已经确切地知道他想要由谁来担任这个职位,我的客户接到了电话。如果他自己不提出想担任这一职位,他甚至永远都不会被考虑。

如果你得到的是当即否定的回答,那就向决策者咨询如何获得升职的建议。让他告诉你升职需要什么,以及他能给你什么建议。你需要使他在情感上承诺帮你升职。决策者越是觉得有责任指导你,他就越有可能感受到要帮你升职的压力。

> **使他在情感上承诺帮你升职**

第 4 章
赋能：掌控你的职业生涯

给你的领导留下深刻印象

从表面上看，这应该是不言而喻的事。取悦你的领导，她会提拔你。然而，当唯一的升职机会是接替你的领导的位置时，这就有点棘手了。所以，尽管要取悦你的领导，但如果有可能的话，还是要弄清楚她打算什么时候离职，她是否希望你成为她的继任者，或者请她支持你在公司其他职位上获得升职是否更好一些。问题是你需要读懂字里行间的意思。你的领导说过她是想让你接班，但她至少在五年内不打算离职吗？你真的想在这样一个承诺下待那么久吗？你的领导是否

> **你需要读懂字里行间的意思**

说你不够好，不能胜任她的职位，而事实上，她这样说可能是因为觉得你很有能力接替她的位置而感受到威胁？你如何解决这个难题？研究一下表 4-1，明确你要如何给你的领导留下深刻的印象。

表 4-1　如何给你的领导留下深刻的印象

十大技巧：如何给你的领导留下深刻的印象
1. 主动帮她分担一些工作
2. 在提出问题的同时提出解决方案
3. 做一个乐天派

（续）

十大技巧：如何给你的领导留下深刻的印象
4. 不要在会议上当着别人的面挑战你的领导，让她感到尴尬——你可以向上挑战，但始终要富有建设性
5. 始终如一——不要出现意外
6. 做个不爱闹事的人
7. 说到做到
8. 做个忠诚的人——不要八卦你的领导
9. 有团队精神
10. 采取主动

简单来讲，如果取悦你的领导并没有让你在过去的两三年里离升职更近，那如果在接下来的六个月里还没有明显的升职机会的话，就是时候换个新领导了！

> **案例：使你的领导对你做出承诺**
>
> **穆瑞安：从风险经理到风险副总裁**
>
> 穆瑞安（Muireann）在职业生涯的早期加入了一家英国富时100指数金融服务公司，并拓展了她在风险分析方面的专业知识。在一家地区办事处做了几年的独立撰稿人之后，穆瑞安通过小道消息得知，她的一位前任领导正在公司伦敦办

事处（公司总部）组建一个团队。于是，穆瑞安申请了风险经理一职。

凭着良好的业绩记录和人脉关系，穆瑞安被提拔到了新的职位。穆瑞安接受了她的新职位，她认为自己现在对公司的升职方式有了很好的了解，并且这只是她将获得的众多升职中的第一次。穆瑞安会努力工作，工作机会会出现，她会去申请这些工作并与其他候选人竞争，然后她满怀希望地期待自己能获得升职。她或许就是这么想的。

三年后，她发现这种策略似乎行不通。没有一条清晰的道路可以让她进一步向上发展。于是，她准备了一篇演讲给她的领导。一个星期五的下午，穆瑞安发现她的领导独自一人待在办公室里，便走近他。穆瑞安开始了她的演讲："我认为我对公司来说很重要，但公司却不重视我。"穆瑞安看得出她的领导被吓了一跳，但她仍坚持往下说。她描述了自己想要的职位类型，并告诉领导她想要的头衔——副总裁。在那个星期五的

> 下午，穆瑞安和她的领导一起规划好了如何实现她想要的升职。穆瑞安实施了这一策略，并承担了更多的责任，提高了自己的形象，8个月后，她被升职为副总裁。
>
> 　　在要求得到这个职位的过程中，穆瑞安不仅给她的领导留下了深刻印象，而且还成功地向她的领导施加了压力，要求对方在情感上承诺帮助她升职。

创造一个新角色

> **升职最简单的方法就是创造一个新角色**

根据我的经验，升职最简单的方法就是创造一个新角色。你试过这种方法吗？许多公司的管理团队中都没有设置首席运营官一职，所以可以根据你的长处来精心设计该职位。这是一个"囊括所有"的绝佳推销机会，可以减轻你领导面临的一些压力。想想将哪些职责赋予首席运营官可以使你领导的生活更轻松。对你领导有帮助的升职

第 4 章
赋能：掌控你的职业生涯

推销更有可能取得成功。

我曾和一位因不被认可而感到很委屈、很失望的总监合作过，他一年前错失了一次他的领导"承诺"过的升职机会。我建议他提出在管理团队中增设首席运营官一职，描述他对该职位的愿景并列出该职位的职责——适当时，这还可以巧妙地让领导弥补之前对他的过失。为了这一任命，他和领导进行了一次精心准备的谈话——他的同事对此都感到震惊和意外。在对的时间、以对的方式、向对的人提出要求，我的客户就为未来的成功争取到了一个很好的位置和平台。

关于如何创造一个角色，另一个有趣的角度是建议设立"办公室主任"一职。听起来不错，对吧，但它是什么呢？没有人真正知道，这就是为什么这可能是一个非常不错的升职想法和机会的原因。你知道你的领导承受着多大的压力，以及他难以顾及的重点领域是哪些。因此，你可以申请成为他的办公室主任，并主动提出在你的职责范围内帮他处理他的领域内的问题，以及人员流动和新项目。你的领导可能会松一口气，并照单全收！至少，他会欣赏你的同理心、主动性和志向。不要被创造一个全新角色的想法所束缚。如果你的领导希望这样的话，他会和他的领导以及人力资源部门一起解决这个问题的。

"办公室主任"的一个更初级的版本是"计划主任"，你可以提出设立这个职位并赋予它某些职责，例如负责创新或新项目。

构建你的人际关系网

> 通过构建你的内、外部人际关系网，你可能会发现某人的团队中有空缺

通过构建你的内、外部人际关系网，你可能会发现某人的团队中有空缺。列出一份你认识的、职位层级在你之上的人员（包括你所在公司内部及外部的人员）名单。特别要注意那些与你在公司里共事过、对你很友好的人，以及后来在其他地方发展得很好的人。仔细浏览该名单，并根据他们的资历、他们喜欢你或对你评价高的程度列出前十人，即使你觉得自己几年前才给他们留下短暂的好印象。接下来，通过在线社交平台或其他任何方式追踪他们，问问你是否可

以给他们买午餐或咖啡，然后找到他们。你可能会惊喜地发现，大多数人都对这种建立人际关系的方式持开放态度。对那些对你的示好没有兴趣的人，你就知道他们在帮你找到升职机会方面不会有什么作用；而对那些很高兴与你会面的人，你们可以从相互更新资料开始，然后你可以向他们解释你渴望职业生涯得到进一步发展，并问他们有什么建议，或者他们是否知道任何可能存在的机会。

> **案例**
>
> **谢伊：高层升职实际上是如何运作的**
>
> 　　今天的公司面临的挑战之一是：如何提高高层升职方式的透明度。考虑到我能看到的很多情况实际上都归结于通过个人关系网来招募员工，那他们是否真的在建立合适的多元化团队并做着正确的事情呢？
>
> 　　例如，在几年前的一次升职中，谢伊（Shay）作为一名外招人员加入了一家财务咨询公司的高

管领导团队。这家公司的首席执行官也是新来的，他正在组建一个新的团队来领导这家公司。这位首席执行官聘用了10名新高管来分别担任10个领导职位。在这10人当中，有7人曾以某种身份与这位首席执行官共事过，并且是其人际关系网的一部分。谢伊和另外两人之前与这位首席执行官没有任何关系。但谢伊与公司首席财务官有关系，而后者又与新任首席执行官有关系。

为了进一步说明这一点，这位首席执行官是由即将卸任的首席执行官招聘的，两人之间有着长期的业务关系。根据谢伊的经验，人们倾向于聘用他们认识的人和喜欢的人，最重要的是，聘用他们知道自己可以信任其把工作做好并交付出色成果的人。除此以外，优秀的领导者在其任职的早期就会制订一个继任者计划，而且他们通常会通过自己的人际关系网来寻找继任者。

对于如何让这个非正式的系统为你工作，谢

第 4 章
赋能：掌控你的职业生涯

> 伊给出的建议是，不断扩展和培养你在公司内外的关系。

加入一家新公司

你可以通过换家公司来获得升职。不过，如果你想通过换家公司来加速升职的

你可以通过换家公司来获得升职

话，那这往往伴随着公司品牌力的下滑。想想什么时候利用公司品牌力来换取更高层级的升职对你的职业生涯最有用。如果操之过急的话，你可能会发现，除了接受横向调动或可能的降职以外，要想通过任何途径重新找到一家品牌力更高的公司，会更加困难。

另外，虽然通过加入一家新公司而不是通过内部晋升来获得升职可能更容易，但如果你并没有在新公司真正获得升职，但又因为在一年内被原公司发现你的这种升职策略而失去了原来的工作，那会发生什么呢？你打算在你的职业生涯中以公司为跳板吗？我在翻看简历时发现了这样一种模式：有人通过加入大品牌公司，然后每隔两三年换

一个行业或公司来升职到高管层。老实说，我关注的是这些人的本质——他们为什么一定要采取这种策略呢？他们真的因为在原公司没有达到升职目的，被逼得只能这样做吗？不过，坦率地讲，这确实是一种升职策略。并不是所有雇主都会注意到拥有这种简历的人，并和我一样对此表示关注。猎头公司会通过谈论这些人原先供职的大品牌公司，以及原雇主为什么要雇用他们的原因来使潜在雇主们盲目接受。

加入一家新公司会让你走出自己的舒适区，而且通常会有诱人的就聘奖金或更高的薪酬。但是，这也存在可能行不通的风险。凭借多年积累的良好信誉，许多人在目前的公司里表现得很出色。而在一个新地方，如果没有这种信誉储备的话，就可能难以取得同样的成功。尽管如此，如果你觉得你现在的公司从未完全认可你的努力，那你可能不会因为把自己的技能带往别处而失去什么。

> 加入一家新公司会让你走出自己的舒适区

第 4 章
赋能：掌控你的职业生涯

给自己升职

为什么要等别人来决定呢？作为一种想象性试验，你可以决定自己已获升职，即你可以决定自己已经晋升到更高层的职位，看看这是否有助于你改变工作态度和工作方法，并增加别人现在设想你进入更高领导层的可能性。

这听起来可能有点傻，甚至是痴心妄想——但事实上，如果你知道这只是个试验，并且如果你开始以更高层的思维工作的话，那它就完全有可能成为一项有效改善你的表现和行为的策略。这样一来，你会觉得更有信心吗？你会做出更好的决定吗？

看看你的周围——你的领导和其他层级更高的人是如何表现的。通过给自己升职，你可能忽然之间就会对以前因职位较低而觉得无权评论的话题发表意见了。将自己解放出来并像更高层一样表现，你就能凭借从你想要的升职中获得的热情和自由快速向前迈进。在"为成功而着装"这类书籍和建议中，人们总是提出：如果你想升职，就应该穿得像已经升职了一样。在今天的现代公司环境中，虽然着装要求已不再那么明确（如今接待员和私人助理往往是穿着最好的），但如果这条建议适合你的话，那为何不试试呢？时尚便装可以变得更时尚。在非常传统的"着西装"公司（如咨询公司、律师事务所或银行业）中，如果你穿着十分讲究的"升职装"，那么你会被注意到，而且这甚至可能会产生一种光环效应，因为人们会下意识地认为你有能力升至更高职位。你会惊讶于一些可以改变他人对你的看法的因素，如果你改变了自己的形象，表现得不同于或优于你的同事，那么公司高层可能会更加留意你。

主动接受海外派遣

在海外偏远地区——例如在小型办事处或高增长新兴市场中，通常都蕴含着极好的升职机会。一家大型跨国集团在加勒比海地区有个财务经理级别的职位空缺。不过，当时很难找到合适的候选人愿意迁到这个地区待上三年。一个雄心勃勃的年轻人发现了其中暗含的机会，主动提出要搬去那儿，条件是升职为财务总监。尽管他最初遭到了拒绝，但在适当的坚持和对该职位职责的重新定义下,他谈妥了到总监级别的晋升,并在随后快速找到了他晋升为总监的途径,要不然这在英国至少需要三年时间才能实现。当你还年轻且不受某个特定地点束缚时,你就应该考虑这样的风险和行动,以尽快取得成功。

对你的职业生涯来说,海外经验(尤其是新兴市场经验)永远都是一个加分项。它表明你有独立性、勇气并对更广阔的世界充满兴趣。在你以后的职业生涯中,这将体现为你对时间的明智投资,尤其是当你在一家跨国公司工作时。一旦你成了总监,升到下一个高级职位就会变得更容易,依此类推。我上面提到的这个年轻人制订了一个职业发展规划:尽快升为总监,获得国际经验,然后研究如何从职能专长转向综合管理。巧合的是,成为总经理的最快方式就是接受另一个外派职位。外派生活也许不适合你,但如果你持开放态度的话,它可以为你提供更快的升职途径、良好的经济回报和令人惊喜的生活体验。

> 外派生活可以为你提供更快的升职途径、良好的经济回报和令人惊喜的生活体验

使你目前的职位更具战略性

也许你会发现,尽管自己身为某个职能部门的负责人,并有个不错的头衔或职位,但并没有真正获得授权,而你想要担任一个更具战略性的职位并(或)在高层占有一席之地。在这种情况下,你可以针对你的职位提出一个更具战略性且伴随有升职的定义。例如,我曾与一位集团人力资源总监合作,设计了"首席人力官"这一新职位。我还与一位"职业生涯陷入停滞"的营销总监合作,设计了"首席营销官"这一新职位。在这两个案例中,通过勾勒出更具战略性的工作描述并为之努力,这两位总监就向他们的领导表明了他们可以承担更多,结果他们都成功获得了加薪和新头衔,并认为他们获得了更多授权。其中一个案例中花了三个月时间,而另一个案例则花了一年时间不算短,因为很显然,你需要时间来展示其职位的真正变化并撰写一份漂亮的报告。不管怎样,这种方法是有效的。两位总监的事业因此重新焕发了活力,并且他们迈向职业生涯的重大转变的速度也加快了。同时,这也是一种在你跳槽到一家新公司之前解决你的头衔问题的有效方式。新公司有义务为你提供和你离职前的职位相同的职位，所以如果你能在从现有公司跳槽到一家新公司之前获得升职，那会是个不错的计划。因为在一家新公司里，如果你没有业绩记录，也不清楚其权力和公司政治的运作方式，那么要在那里证明自己的话，最初可能会比较困难。

> 新公司有义务为你提供和你离职前的职位相同的职位

4.3　你的关键任务：列出赋能策略清单

将所获得的任何见解运用于你目前的情况。通过采取行动，你就可以给自己赋能，以取得成功并获得升职。写下你所能采取的行动清单。

赋能策略	行动清单
我要何时向我的领导提出升职要求	
我还能做些什么来打动我的领导	
在我的领导的管理团队中，我能填补什么样的职位"空缺"，并在同时获得新头衔和升职	

(续)

赋能策略	行动清单
我可以采取哪些行动来构建我的人际关系网,并努力建立更多关系来创造新的可能性	
是时候离职并加入一家新公司了吗	
我是否应该想象我已经获得升职,并检视这对我的行为和贡献有何影响	
我如何才能发现海外的工作机会	
对我目前的职位而言,什么样的头衔和工作描述更具战略性?我能否在我的现有头衔前加上"高级"或"首席",并将重新定义该职位作为一个新的升职机会	

Your Next Role

How to Get Ahead and Get Promoted

5

个人影响力：对自己担任更高职位的能力充满信心

- 欣赏你的经验
- 驯服你内心的那个批评声
- 你的关键任务：阐明你的升职价值主张

第 5 章
个人影响力：对自己担任更高职位的能力充满信心

5.1　欣赏你的经验

　　升职与担任更高层级的职位有关，而因为你以前没有担任过这样的职位，所以很自然地，你可能会对自己能否胜任该职位感到焦虑——尤其是当该职位的工作内容涉及某个重大转变时，如第一次管理员工或某个业务部门。获得自信的方法是欣赏你将带给更高层级的职位的经验。回顾你迄今为止的整个职业生涯和经历，理解你所拥有的独特经验、所做出的重大转变、你的优势和特殊才能，以及你将带给新职位的价值。尽管你以前可能没有担任过与这完全一样的职位，但也许你在类似于该职位的方面积累了你可以利用的经验和优势。通过评估你必定能提供的东西，你可以树立起自己的核心信心和个人影响力。你将变得更加胸有成竹，更加自信。一旦你对支持自己升职的证据更有信心，别人也就

> 通过评估你必定能提供的东西，你可以树立起自己的核心信心和个人影响力

会更有信心来提拔你。

你独特的价值主张

- 良好的业绩记录

- 在更高层面上运作的可靠能力

- 关键优势

- 天赋

- 差异化

良好的业绩记录

> 综合提炼你迄今为止所取得的成就

回顾你多年的经验,综合提炼你迄今为止所取得的成就。例如,你可能已经从刚毕业的基层员工发展为领导一个小型团队的管理者,你可能已经从职能专家转变为了总经理,你可能拥有更广阔的市场和国际化经验。表5-1列举了一些例子。

无论你取得了什么样的进步,都应该充满信心地得出结论：要达到目前的层次，你一定是在大部分时间里都做对了。既然你已经取得了这么大的成功，那现在就没有理由止步不前了。

考虑你从自己已经做出过的任何关键转变中获得的经验：

- 员工管理方面的经验；
- 职能专长方面的经验；
- 地区方面的经验；
- 新市场方面的经验。

表 5-1 你的关键转变

你已经做出过哪些关键转变	
从……	到……
个人贡献者或团队成员……	管理其他人
职能专家……	总经理
单一的地区经验……	国际化经验
成熟市场经验……	新市场经验

在更高层面上运作的可靠能力

如果你已经开始在更高层面上运作，那么你就会对自己正式担任该职位的能力充满信心。只要有可能，你都要在正式升职前主动提出承担额外的职责。在一些公司里，你至少需要在获得升职前六个月就开始在更高层面上运作。换句话说，升职发生在用行动做出证明之后。所以，向你的领导提出承担更多该职位范围内的职责。这不仅会让你的领导满意，而且随着你在新的职责层面上获得经验，你会树立起担任该更高职位的信心。

> **在正式升职前主动提出承担额外的职责**

另外，设法在更高层次的场合下露面。问问你的领导，你是否可以作为他的得力助手或记录员，陪同他参加更高层次的会议。通过参加这些会议，你可以通过观察高层领导者的行为方式来学习，而且知道自己能参加该层次的会议将增强你的信心。我还记得我第一次参加董事会会议时的情形。当时，我是一名初级管理顾问，陪同我的资深经理和客户合伙人与会。该客户是一家大型零售商，而整个经历也让我大开眼界，我注意到董事会成员都只是想讨好这位客户，他们既没有勇气挑战他，也没有勇气提出新的见解。我那时就意识到，永远不要把所有领导者都放在同一个高度上去看待。这次经历也给了我信心：在我接下来的职业生涯中，如果我能一直保持我的诚实并反对群体思维的话，那或许我也可以在这个层面上运作，甚至可以做得更好。

关键优势

我们都有天生的优势领域。你擅长什么？你能发现自己的关键优势并使之与升职标准联系起来吗？想想你必定能提供的东西，哪些优势是你所独有的。在部门经理

> 想想你必定能提供的东西，哪些优势领域是你所独有的

一级，升职候选人的技术能力通常都不相上下。所以，关键优势通常并不只与技术专长有关。它更可能与你的职业道德、谈判技巧，或者与你按时、按预算完成任务的可靠性有关。多想想你的关键优势，而不是你的技术专长。你可以用表 5-2 中提供的方法来识别你的关键优势。

表 5-2 你的关键优势

如何识别你的优势
想想你在工作中有哪些方面获赞最多。是你的知识专长、你与难缠的利益相关者相处的技巧，还是你对不确定性的接受，抑或是其他人注意到你的什么
检视你在绩效考核中的优势模式
正式或非正式地询问你的领导和同事，看他们认为你有哪些优势和特长

（续）

如何识别你的优势
上网搜索"优势审计工具",并利用它们来分析你填写的全部工作知识（或经验）及问卷,然后获得反馈报告。这些报告通常都很准确
与高管培训师讨论,他们要么可以通过观察得出结论,要么可以代表你与你的同事进行独立的反馈练习,又或者会自由使用各种心理测量工具。训练有素的培训师可以向你提供其他非专业人士无法提供的重要核心见解

天赋

每个人都有自己的优势,甚至有比优势更强的东西,我称之为"天赋"。"优势"是指你在某个方面拥有高于平均水平的能力,而"天赋"则是指你在某个方面拥有极具天分的重大优势,即独特才能。例如,你可能在人际交往和团队合作方面具有天然的优势,"与资深客户快速建立关系的能力"可能就是你的天赋。我的一位客户非常擅于与高层快速建立关系。他很快就在高级客户当中建立起了自己的声誉,并且能够在为一位新客户（某公司最高管理层的一员）服务数月后就将自己的领导引荐给这位新客户。

重要的是,要弄清楚你擅长什么以及你特别擅长什么,这样你才能提高自我意识,并围绕你的职业身份和你能在更高层面上提供的东西建立信心。你可以用表 5-3 提供的方法来识别你的天赋。有人可能会说,最好把主要精力放在运用你的天赋上,而没有必要在你的各个方面都均衡发展。当然,做一个全能型的人也有好处,但这本身也许就是你可识别的天赋,例如"适应能力强,在任何情况下都可信赖,称职且可靠"。

> 天赋就是你的黑带,是你生来便很擅长的东西

天赋就是你的黑带,是你生来便很擅长的东西。

表5-3 你的天赋

如何识别你的天赋
当你考虑自己所有的优势时,你是否认为自己在某个方面远远高于平均水平?其他人是否总是对你说同样的话,比如"你知道你真正擅长的是……"
你也许对你真正擅长的东西有你自己的见解。但是,最好通过他人来进行理性检视,以确保自己的见解与别人感知相符

差异化

差异化是指从群体中脱颖而出。在众多候选人都旗鼓相当的情况下,你如何从你的同事中脱颖而出呢?你有什么能让你比别人更有优势吗?如果没有,那就要策略性地考虑如何在从现在到正式做出升职决策的这段时间里赢得这种优势。

> 你如何从你的同事中脱颖而出呢

作为一种增强自信和将自己定位于未来升职的策略，你越是在每个职位中把自己推到舒适区之外，你就会越自信，也就越具有独特的价值。

所以，要不断想办法丰富你的经验，并通过交付出色的业绩成果来使你有别于你的同事——即使你们名义上的头衔都一样。在初级层面上，我的建议是，你要努力获得丰富的经验。在另一个职能部门进行6或12个月的轮换，可以丰富你的经验和简历。例如，在销售部门进行6个月轮换可以丰富一名营销分析师的销售技能和简历。或者，在客户服务中心工作6个月可以令一名销售经理从中获益。如果你无法去另一个部门轮换，那就想其他办法来拓宽你的知识面，不要在一个利基领域过于专业化。例如，你可以参与或发起跨职能项目。

尽管你的公司可能希望尽早进行专业化分工，但这可能会给你更长远的职业生涯带来不利影响。毕竟，在公司生活中，唯一的向上通道就是最终走上领导岗位。这意味着，与那些拥有技术专长的人相比，你在不同职能领域方面的知识越丰富，管理员工的能力越强，你就越有价值。

第 5 章
个人影响力：对自己担任更高职位的能力充满信心

想想如何在每个职位上都获得更多的领导经验。如果你的长远目标是升到更高层级，那么你需要尽快向管理他人转型。试着去参与或发起有更初级员工为你工作的项目。从让一名员工为你工作（不管是直接项目、间接项目还是只是临时项目）开始，扩大项目范围，将为你工作的员工增加到两人。当有一名或多名员工为你工作时，就意味着你正在获得管理经验，而不管你的头衔是不是"经理"。你的职位越高，你就越要努力确保自己获得更丰富的领导力专业知识（包括管理更大规模团队、多元化团队、多个团队或远程团队的知识）。你可以用表 5-4 所示方法来实现差异化。

> 想想如何在每个职位上都获得更多的领导经验

表 5-4 差异化

如何实现差异化
先想想"同事"这个群体中的标准，然后寻找可以使你从该群体脱颖而出的新职位和职责
当你处于基层时，你应该设法成为职能专家并努力在职能上表现出差异化。例如，如果你从事市场营销工作，那就自愿去参加为期 6 个月的销售轮换。这样的一线经验将使你在升职时从那些"象牙塔"里的营销人员中脱颖而出
当你处于高层时，你就应该尽力在领导力空间方面实现差异化。例如，领导跨职能团队或项目，拥有优秀高管培训师或导师的声誉，以及管理更大规模的员工团队

5.2 驯服你内心的那个批评声

我们对自己的批评可能是最糟糕的。你脑海中告诉你要做得更好的声音可能来自你的父母、老师或其他有影响力的人,当你在学校考试中得了 90 分时,他们总是会问你:"那 10 分是怎么丢的?"听起来是不是很熟悉?大多数雄心勃勃的人都是过度追求成功者,总是对自己不够优秀、没有成功不满意——或者更糟糕的是,不管他们取得什么样的成就,都会觉得自己像个失败者。试着去驯服你内心的那个批评声,别让它控制你,别让它夺走了你对当前成功的享受和你对未来成功机会的把握。去培养你脑海中那个平静的、说"你够好了呀"的声音吧!

> 大多数雄心勃勃的人都是过度追求成功者

对你的升职前景保持乐观

保持乐观有助于增强信心。当你仔细考虑过自己独特的升职价值主张后,你会自然而然地感到更加自信,会

第 5 章
个人影响力：对自己担任更高职位的能力充满信心

更加确定你的自我价值与所期待的升职相关，你的信心将因此大大增强，你会对自己的能力、吸引力和你必定能提供的东西有更深刻的认识。对自己更有把握的升职候选人会有一种更深层次的自我价值感，这种自我价值感会影响到他所有的行动和行为。再加上积极的心态，便一切就绪了！

乐观和韧性是相辅相成的。对你的升职前景保持乐观，你会不断激发自己的内在决心，会更加坚定地克服任何障碍、挑战或消极情绪。

> **乐观和韧性是相辅相成的**

原谅你的过错

你需要恰当地处理你的过错。我们都会犯错，不要总是去回想你之前所犯的错误。相反，为了争取在下一次努力时做得更好，你应该想想你需要从错误中吸取哪些教训，然后继续前进。既然事情已经发生了，你要做的就是从中吸取教训，但不要陷入自我惩罚的想法中。练习自怜是种很不错的错误处理技巧。想想你最好的朋友或搭档会就你的过错对你说些什么。也许他们会对你因睡眠不足而承受压力，或者你没有处理这种特殊情况的经验表示同情。透过真实的或想象中的"最好朋友"的言谈，对你自己好一点，然后退一步，向自己合理解释发生了什么，以及它为什么会发生，之后吸取教训，继续前进。

尽力争取

主动提出担任一个重要职位需要勇气。是的，这令人兴奋，当然也令人望而生畏。夜深人静的时候，你开始怀疑自己：我真的能得到这个职位吗？但是，要相信这样一句箴言：没有冒险就没有收获。冒险就是走出你的舒适区。你是想在余下的职业生涯中享受安逸，还是真的想尽力争取、看自己到底能走多远？我曾有位客户就面临这样的困境。他在经营客户服务中心方面做得很成功，并直接向首席执行官汇报，因此他是首席执行官管理团队成员。虽然他没有上过大学，但他从基层做起，一直在努力工作，因此，对他来说，得到一个向首席执行官汇报工作的职位本身就是成功的标志，他现在可以休息了。不错，这种想法当然无可厚非，但我跟他说，他有潜力一路走下去，做到首席执行官。我说他

> 冒险就是走出你的舒适区

因为缺乏自信,而或多或少将一些想法排除在外了。现在我们公开讨论了这种可能性,他的确感到进退两难:是享受他目前的成功,在周末多打打高尔夫,还是真的专注并致力于更进一步的发展?事实上,一旦有了升职的想法,就很难再忽视它。他开始对自己能胜任首席执行官一职越来越自信,且最终还是没有放弃自己的潜力,所以他尽力争取了可能的升职机会。之后,他被提拔为销售总监,并最终成了首席执行官。

> **来自高层的忠告**
>
> 你得知道你渴望的职位是什么。首先,你要了解该职位的要求以及在该职位上取得成功需具备什么条件。其次,为了胜任你的目标职位,你需要如实评价你当前的职位、当前的能力以及你履行目标职位职责的能力。最后,你需要考虑如何通过发展,通过其他任务,通过提高你按照时间表和计划完成任务的能力和技能,来缩小你在能力组合方面的差距。

> 想象一下，你的目标是把自己的简历呈给招聘经理或团队领导仔细审查，并确保你的经验包含了所有可想到的目标职位所需技能和个人素质。如果你用这样的思维、准备、规划和过程来对待该职位，那你的成功可能性和个人满足感将会大很多。当你拥有外部渠道并且认为自己在公司里已将潜力发挥到了极致，但又觉得还可以做更多事情时，你就必须看情况去冒险寻找你想要的机会。
>
> 专注于你正在寻找的结果，会同时增加你实现目标的机会，因此风险得到了平衡。
>
> 比尔·阿彻（Bill Archer）
>
> Eircom 电信公司总经理
>
> 不要把自己局限在某个角色或某个职位。你的下一个职位可能是你没想到的。不要听信别人说你不够好或者你必须等待之类的话，要相信你自己有能力做得到。你可以利用你的职

第 5 章
个人影响力：对自己担任更高职位的能力充满信心

业经历来增强你的信心，并确定你需要发展的技能。

戴维·胡森贝克（David Hulsenbek）

荷兰银行集团（ABN Amro）私人银行国际部

人力资源主管

信心很重要，但你需要保持平衡。对自己有信心很重要，但不要让你的利益相关者认为你过于以自我为中心，而是应保持平衡。你应该凭借你良好的业绩来建立声誉，而不要过于考虑公司政治——利用你的人际关系网，并管理好你的利益相关者。最后，要让大家知道你的抱负。如果没人知道你的抱负，那你又怎么能升职呢？

杰奎琳·麦克纳米（Jacqueline McNamee）

美国国际集团（American International

Group，AIG）英国区总经理

晋升至更高层级有两个基本要素：①韧劲和

> 干劲；②自信。这两者都需要得到发展。如果你想叩开最高管理层之门，那你就得拥有相应的技能和业绩。这个层级的工作与协作（即建立关系）有关。你需要花时间与利益相关者交流，倾听他们对你的意见并加以领会。你需要在当前职位上发挥作用，还需要表现得非常出色。想想你要如何帮助他人，如何超越自身职位做出贡献。像高层管理者一样思考并采取行动。问问自己："我是在证明我可以承担更大的责任吗？"
>
> 约翰·哈克（John Harker）
> Al-Futtaim 公司首席人力资源官

5.3 你的关键任务：阐明你的升职价值主张

你现在的任务是要弄清楚，如果你被任命担任你的目标职位，你必须为公司带来什么。你独特的价值主张是你的个人净资产，与技能、业绩、优势，以及你将带给此次升职的任何其他相关价值有关。

这种对你独特的价值主张进行分类的练习,将给你带来升职所需的自我肯定、自信及个人力量。一旦你能清晰阐明自己的价值主张,你就会坚定你的决心,变得更加自信。你也可以用你独特的价值主张来写你的简历,并将其作为你为获得该职位所做努力的一部分。

对升职独特的价值主张

考虑你的目标职位,写下你与之相关的经验和能力。另外,试着找出你与目标职位所需能力的任何差距,以便你能制订计划以缩小差距。

独特的价值主张	证据
良好的业绩记录	使用任何"从……到……"过渡的例子,以及任何工作轮换或员工领导力方面的亮点,列出你到目前为止的业绩成果 例如:"七年以来的可靠销售业绩:从个人贡献者,到在过去4年里领导10人团队的销售经理。在客户服务中心有过6个月的工作轮换经历。在我的领导下,团队在过去12个月里的销售收入增长了××%。"
在更高层面上运作的可靠能力	提供在当前职位下承担额外职责的例子
关键优势	列出你的关键优势
天赋	描述你的天赋
差异化	解释你为什么能从同事中脱颖而出

如果公司要求你就升职提交一份正式的个人报告或简历，我建议你用这种独特的价值主张模板而不是传统格式来撰写。单是标题就可以向升职决策者表明你花了多少心思在你的"个人净资产"上，而紧接着列出的证据则提供了实质性内容加以佐证。

Your Next Role

How to Get Ahead and
Get Promoted

6

公司政治：积累对你有利的机会

- 学会读懂公司
- 建立升职影响力和升职筹码
- 你的关键任务：了解你升职过程中的公司政治学

第 6 章
公司政治：积累对你有利的机会

6.1　学会读懂公司

就像部门经理们竞相争取升职一样，公司政治也是职场生活的日常现实之一。光靠能力还不足以让你升职。为了积累对你有利的机会，你还需要读懂你所在公司的升职政治学。

> **光靠能力还不足以让你升职**

你可以通过弄清公司在"台面上"说的一套和在"台面下"做的一套来了解公司（见表6-1）。例如，你所在公司的人力资源部门可能会向你说明正式的升职流程，了解这一点很重要，因为如果没有意外的话，这通常都是按时间表来实施的。不过，最近升职的前同事或许可以使你对"公司的实际升职决策是如何做出的"有最深入的了解。他可能会告诉你，尽管公司制订了很多升职标准，但最终能否升职还是取决于某个有影响力的决策者。这样你就会知道，如果你想获得关注和升职，那你就需要与这样的关键决策者建立关键关系。

表 6-1 学会读懂公司

升职过	
台面上	台面下
按照你所在公司人力资源部门制订的升职流程	自己观察： ①试着去解码这家公司中快速升职者成功背后的模式 ②与最近的升职者交谈，与正式流程相比，实际升职流程到底是怎样的 ③了解什么以及谁才是对升职真正重要的
由你的领导做出升职决策	想一想，有没有其他可能性： ①团队对升职决策的影响大吗 ②谁是预算负责人 ③实际上，是由你领导的上级做出升职决策的吗 ④你选了一位优秀的领导吗 ⑤你的领导的职业规划是怎样的
最优秀的人总会获得升职	"最优秀"的人可能因为对当前职位和他的领导太重要而无法升职。如果你想升职，千万不要让自己成为你的领导认为不可或缺的一员，要早点找到你的继任者
升职主要取决于业绩	升职主要与人有关： ①对别人友好一点 ②这世界很小
只要努力工作，你就能获得升职	只要聪明地工作，你就会获得升职： ①建立一个强大的团队 ②展示你的领导潜力 ③将自己定位于未来的成长机会
等待年度晋升轮次	采取机会主义态度

弄清楚实际的升职流程

按照你所在公司人力资源部门制订的升职流程

了解人力资源部门制订的升职流程，因为你需要知道台面上的一系列升职条件和标准，以及做出升职决策的时

第 6 章
公司政治：积累对你有利的机会

间表。这个流程通常涉及一份大名单（即适合每个升职机会的一组候选人）和一组决策者，这些决策者在某个时间点从这份大名单中选出入围者，并最终决定谁能获得升职。了解台面上的升职流程后，你现在的工作就是弄清楚其实际的运作方式。

试着去解码这家公司中快速升职者成功背后的模式

观察你所在公司里的那些快速升职者，请他们分享各自的故事。在他们成功升

> 观察你所在公司里那些快速升职的人

职的背后有什么共同的行为特征或令人感兴趣的模式吗？什么人、什么事能在这儿获得回报？有什么机会可以让你模仿你所发现的他人的成功之道吗？

与最近的升职者交谈

效仿快速升职者的最佳方法就是与最近的升职者交谈，询问他们是如何获得当前职位的。升职者通常都会非常坦率并乐于提供他们的见解，因为他们已经成功了，而且他们对自己在升职过程中必须迈过的一道道坎，以及获得对升职真正重要的东西有着最新的第一手经验。试着从三个或更多的人那里了解情况，以着手对任何重要模式

（如升职时真正重要的人和事）得出自己的观察结论。

你确信是由你的领导做出升职决策的吗

如果是由你的现领导做升职决策的话，那在很多情况下，你就没有必要因为与利益相关者管理有关的公司政治问题而感到不知所措了。当领导决定他想让谁加入自己的团队时，他通常都会如愿。实际上，如果领导热情地支持某个特定的候选人，谁又会去和他争论呢？其他人当然也会同意。然而，领导并不总是做决定，即使他说他做了。所以你应该再想想，考虑一下其他的可能性。

> 领导并不总是做决定，即使他说他做了

团队对升职决策的影响大吗

领导不大可能去任命一名会引发众多争议的候选者。如果其他团队成员对某个人不予置评或发表负面看法时，那这个人就很难获得任命。在这种情况下，领导可能会因为面临来自其团队的抵制，而不得不对他所中意的候选人三思而后行。你可以从中得到的教训是：设法和每个人都相处融洽，不要在你的职业生涯中疏远别人。如果你只是取悦你的领导，但让你的同事和下属感觉很难相处的话，那么在升职阶段，这可能会反过来对你产生严重不良影响。虽然你没必要总是去取悦所有人，但你需要在人部分时间里表现出理智。你可以既表现出理智，又表现出挑战性，你也可以与他人发生建设性冲突，但你还需要知道如何在事后去修复关系，这样就不会产生令你日后再受其扰的持久怨恨或敌对。

> 你可以既表现出理智，又表现出挑战性

谁是预算负责人

你确定你的领导是决策者吗，即使在他自己说自己是决策者时？也许实际做出升职决策的是他的预算负责人[一]。设法找出事实上的决策者是你领导的上级，还是另有预算负责人是值得的。或者，如果你认为自己无法找到答案，那么至少要开始培养与你领导的上级的关系，让他了解你，给他留下积极的印象，并为获得积极的结果而进一步给他施加压力。

[一] 预算负责人可以利用"有权制定部门预算"这一点来对升职决策者施加影响。——译者注

实际上，是由你领导的上级做出升职决策的吗

> 不要害怕与你领导的上级建立关系

"祖父母"关系是指你和你领导的上级之间的关系，这种关系很重要，它可以帮你获得关注，也可以减弱你的领导可能对你实施的控制。如果你和你领导的上级关系很好的话，那你在处理你与你领导的关系时就会有更大的自主权。人们往往把自己困在了他们领导的圈子里，而没有意识到他们在心甘情愿地接受领导对他们的支配和限制。不要害怕与你领导的上级建立关系，要有勇气扩展你在高层的人脉。要在与他们会面时抓住一切机会介绍你自己，或者使他们记住你。

你的领导应该不会反感你在与他上级的会面中介绍你自己。不过，如果你的领导因这个而感觉焦虑或受到威胁的话，那么有种灵活变通的方式来妥善处理这件事——让他知道会面时间，并让他自己选择是否参加；如果你的领导够成熟，那他就不会因为你扩展人脉而感觉受到威胁；如果你的领导不太成熟，且缺乏安全感，那让他知道自己被邀请参加会面，就会使他感觉不是那么受威胁。如果你的领导让你或怂恿你取消会面的话，不要取消，不要

第 6 章
公司政治：积累对你有利的机会

让你的领导来控制你。你是个有自主权的人，如果你想在公司里升职的话，就要开始表现得像个自由人。如果你所在的工作环境使你与你领导的上级会面很不寻常，那我更鼓励你通过这样做来尽力争取机会。你需要从人群中脱颖而出，使自己成为一个不害怕与高层建立关系的人。首次会面可以是介绍性的，包括介绍你的职位和职责的最新状况。问问你的"祖父母"，他们优先考虑的事项有哪些，以及你要如何将你的职位与实现这些优先事项关联起来。也许你还可以自愿参加他们议程中的某项计划。要抓住一切机会称赞你的领导，或想办法使他看起来不错。之后，一定要把会面过程中发生的事告诉你的领导，尤其要让他知道你都说了哪些赞扬他的话。

你选了一位优秀的领导吗

如果确实通常是由你的领导来做升职决策，那要怎样从一开始就挑选一位优秀的领导，从而对你的升职前景更有利呢？你要关注那些在更高职位上心怀抱负的人。如果这个人不是你现在的领导，那么据传闻，很可能是你领导的一位同事会在该层级上

> **关注那些在更高职位上心怀抱负的人**

133

获得升职。如果是这样的话,那你能和那个人建立一种工作关系,以使他们在获得升职时考虑将你纳入其团队吗?有人可能会把这种策略称为"靠裙带关系",而另一些人则可能只是认为你很聪明,可以根据谁具有出色的领导潜力且需要忠实的支持者来下你的投资赌注。

你的领导的职业规划是怎样的

如果你的领导表现得雄心勃勃,一路高歌猛进,而且很快就会成功,那这对你来说是个好消息。然而,把自己局限于一个领导这种做法很危险。如果他因为逾越界限而被炒鱿鱼,或者因为其家庭不想重新安置等个人问题而耽误了自己的职业前景,或者他只是在某个时候停滞不前,那又会怎样呢?我的建议是,你应该尽早和你的领导讨论他的职业规划。说你对他如何看待他的职业道路很感兴趣是没有错的,这样你就可以在如何发展自身职业方面获得某些智慧。有了这样的分享,你或许就能预感你可以做些什么,如果情况发生变化,这就可以起到提前预告的作用。例如,如果你的领导决定加入另一家公司,他可能会私下事先告诉你,让你准

> 应早和你的领导讨论他的职业规划

备好申请他的职位。

如果你通过加入一家新公司来确保自己获得升职,那么在招聘过程中试着弄清楚你未来的领导的职业规划至关重要。如果他在你加入后的 6 ~ 12 个月内离开,那你就会面临很大的危险,你在新公司里将会茫然无依。在招聘过程中要尽可能早地要求他如实告诉你"他是否打算在 12 个月内离开公司",因为这会对你产生影响。进行这种讨论还有一个好处:那就是,如果你能在他做出"他若选择在一年内离职,你就可以成为他的继任者"这一承诺的情况下加入公司,那这可能对你有利。

你是不是太重要了而无法获得升职

不要对你现在的职位太过兴奋,以至于忘记考虑你的整体职业发展规划。虽然你想给领导留下好印象,但你也不会想把精力集中于如何取悦领导到他们永远不想让你继续向上发展的程度,因为那样只会自毁职业前程。如果你的领导缺了你便无法应对,那他就不可能支持你去公司的另一个部门。我认为,考虑继任的最好方法是缩短你在自己职位上的预期时间。尽量不要在任何职位上工作超过三年。从一开始就要记住这一点，这样你就会更加意识到该职位将要结束的现实。第一年，集中精力在当前职位上证明自己；第二年，开始关注下一步要做什么；第三年，你应进行规划并就你的调动与领导进行谈判。作为你调动规划的一部分，你需要在第二年年底确定一个潜在继任者，并在第三年将越来越多的任务委派给他（见表6-2）。

表6-2　以三年为期

	以三年为期：尽量不要在同一个职位上工作超过三年
第一年	集中精力在当前职位上证明自己
第二年	继续在当前职位上交付成果，并开始将目光投向你的下一个职位。在第二年年底确定你的潜在继任者
第三年	将更多任务委派给你的潜在继任者，规划并实施你下一步的调动

升职主要与人有关，而不是业绩

对别人友好一点

归根结底，公司是高度人际交往的场所。取得成功几乎无关流程，而更多与你周围的人有关。如果你的工作很出色，拥有令人愉快的前景，并且在这个过程中不疏

> 取得成功几乎无关流程，而更多与你周围的人有关

第6章
公司政治：积累对你有利的机会

远任何人，那你的公司生活就会更轻松，职业发展也会更快。友好一点并不意味着要去讨好别人，这只意味着你要以一种合理的方式来管理你的关系（即使是那些具有挑战性的关系）——在出现任何可能引起争议的不同意见后，尝试尽可能地使这些关系回归中立。当然，你控制不了别人对你的反应，你可能被贴上"太圆滑""太会哄人""太傲慢"之类的标签。但是，如果你甚至对你的"对手"都表现得很友好的话，那就有可能解除敌意，而这显然要比斗得你死我活（双方都不可避免地会遭受重大损失）好得多。

这世界很小

令人惊讶的是，你会发现自己在公司或行业中不断遇到同一群人，甚至是在你与他们最初共事多年之后。事实上，这不应该令人感到意外，因为你们都在共同感兴趣的领域工作。当你还是一名刚毕业的基层员工或初级经理，或者当你在是否应该为营销或销售分配更多预算的问题上与他们有过"交锋"时，他们就可能会对你留下深刻印象。多年以后，他们也许就是那个影响对你的招聘和录用，或者影响你在公司新部门升职的那些人。因此，如果这一刻他们回想起你年轻时留给他们的印象，那么你不会希望这种印象是负面的。较为明智的建议是：在必要时坦率地发表建设性意见，但总在尘埃落定之后，找时间来修复关系。否则，冲突就会像一道永不愈合的伤口，令你日后为之感到后悔。

> **来自高层的忠告**
>
> 　　升职需要你成就伟大的事业，建立良好的人际关系网并保持忠诚。让我来详细说明一下。首先，尽管成就伟大的事业与把工作做好并不相同，但无论是描述你的职业发展进程还是你的成就，你都要十分清楚你的成就是什么和你的业绩有哪些。其次，在你需要前而不是需要时建立起良好的人际关系网。确保你拥有一个能为你提供机会的人际关系网，投入时间和精力来经营它，并以非交易的方式来回馈这一网络中的成员。最后，忠诚会转化为牢固的关系和支持你的人。我想补充的另一点是机缘巧合，你知道，与其制订

第 6 章
公司政治：积累对你有利的机会

> 一个一成不变的职业规划，不如培养自己的灵活应对能力，并在机会出现时利用好它们。
>
> 阿里尔·埃克斯坦
> 领英 EMEA 总经理

只要聪明地工作，你就会获得升职

建立一个强大的团队

你是作为个人贡献者从最底层开始你的职业生涯的。绩效评价的全部重点都放在你要如何努力工作来证明你的价值。而当你开始管理一个团队时，你就要试着去充分利用他人。然而，因为面临着满足公司严格的最后期限的压力，作为部门经理，你通常不得不亲自处理很细节的事，以弥补团队中的任何懈怠或资源不足。但从长远来看的话，这种事必躬亲的做法无疑对你不利。

你需要委派他人为你工作。如果你太注重细节，太过于努力去解决所有问题，那你就会陷入困境，无法获得升职。你需要更聪明而不是

> 你需要委派他人为你工作

更努力地工作。从细节中抽身出来，花时间为你的团队招募合适的人，然后投入足够的时间去培训他们，你的团队应该为你做这项工作——同时，这样做也为你自己创造了更多的时间和空间，使你能更具战略性地考虑你的下一次升职。

展示你的领导潜力

在你职业生涯的早期，职位强调的是专业技能而不是综合管理技能，你会成为你所在领域的一名主题专家。你早期的升职和工资都与你的专业知识挂钩。然而，正如我提到过的那样，升职是一条领导力之路，如果你想不断获得升职的话，那就需要记住"成为一名领导者"这个最终目标——因此，展示你的领导潜力永远都不嫌早。就算你还没有担任正式的管理或领导职位，你仍然可以主动提出：志愿替你的领导去领导特定项目，或要求承担更多的员工职责，或提供新思路来为你的领导排忧解难。通过在职业生涯的早期展示你的领导潜力，你会获得关注——与继续把精力集中在更努力地做日常工作上相比，尤其如此。把你的注意力放在升职上，不要在主题专家的身份上迷失了方向，那不利于你的下一次升职。

第 6 章
公司政治：积累对你有利的机会

将自己定位于未来的成长机会

更聪明地工作意味着要时刻注意到有哪些成长机会存在。你所在的公司总是在寻找各种发展壮大的机会。如果你对发现公司会把资金投向何处越来越敏感的话，那就可以说，你能追踪到资金去向了。如果你听到公司打算开拓新市场或推出新产品，或是收购一家公司，或是其他什么会成为公司新热门话题的内容，那么试着将自己定位成负责调查或实现该机会的团队成员。通过接近这样的行动，你就可以发现可能存在的职位机会，而如果你是最初调查团队的成员，那么你就比其他任何人都更了解这样的行动，并处于主动提出担任该职位的最佳位置。我喜欢"在鱼多的地方捕鱼"这句话，因为很简单，你需要使自己处于投入了所有资源的行动的中心，只有这样，你这颗星星才可能伴随着公司的成长机会而日渐闪耀。

> 你需要使自己处于投入了所有资源的行动的中心

采取机会主义态度——不要等待年度晋升轮次

如果你等着年度晋升轮次来提出升职的话，那就等于使自己处在了一个非常不利的境地——因为此时的升职竞争最为激烈。相反，要设法在正常升职流程以外获得升职。在年度晋升轮次间隙时尽你所能，去提出担任某个新职位，去自告奋勇负责某个大项目，去海外或新部门担任某个职位，去管理某个跨职能团队，或者去发现任何有创意的想法，这样就不必等人力资源部门的年度晋升轮次来升职了。这样做至少在年度晋升轮次开始前，你能更好地定位自己，不过，还是希望你甚至都不需要依靠这样的轮次。请不要习惯性地认为规则没有例外。不管别人对你说什么，总会有例外。一切皆有可能，你要做的就是去成为那个规则的例外。

> **来自高层的忠告**
>
> 　　仅仅埋头工作并不会使工作变少，也不会使你升职。你需要展示出你是如何超越你的职位去推动有效的变革和影响的。推动变革通常涉及如何与公司中的其他人合作以赢得支持。虽然很多人试图回避公司政治，但现实是，你需要成为一名驾驭公司政治方面的专家，而不是回避它——你必须把这作为一种生存技能来学习。每家公司

> 都存在公司政治,即使那些否认这一点的公司也是如此。这项技能的关键在于带着最美好的意图去接近员工、决策者或有影响力的人,并在你说服对方接受自己的观点时尊重对方、基于事实且不带情绪,同时谨言慎行,避免在互动中产生摩擦和指责对方。
>
> 从根本上来讲,你需要保持这种互动的专业性。你需要认识到这样一个事实:无论是在公司内,还是在行业内,领导金字塔都会随着你的升职逐渐变小。言语最容易传播,你需要有人支持你,证明你的工作方式是对的。这是我每天仍在努力获得的影响力。
>
> 迈克尔·克里夫(Michael Kleef)
> 微软公司受众营销总监

6.2 建立升职影响力和升职筹码

我所说的影响力和筹码,是指你能就你想要获得的升职，建立起多大的与公司讨价还价的能力。

给你而不是其他人升职，公司需要有充分的理由。你的价值主张可能非常有吸引力，并且与公司对你的评价十分吻合，但升职的引爆点往往是你能在公司中创造什么超越自身优势和天赋的额外价值。毕竟，给你升职的唯一原因是公司是否需要你去担任更高职位。你可能会觉得自己已稳获升职，但如果公司不需要你去担任更高职位的话，那也于事无补。基层员工似乎尤其不明白这一点。升职不只与你本人、你做了或没做什么值得升职的事情有关，升职

> 升职与公司以及公司需要你做什么有关

与公司以及公司需要你做什么有关。公司就是公司，它们做的是赚钱的买卖，如果公司给你升职，你付出的代价就会更大。当然，这也意味着你在未来获得升职的机会会越来越少，因此，你必须超越当前职位，成为公司在长期内的不错人选。公司需要充分的理由来给你升职，它们需要感觉到它们的投入无论是在短期还是在长期都会得到回报。你有什么东西使公司足够重视你，愿意给你升职，愿意为你支付额外费用，愿意

第6章
公司政治：积累对你有利的机会

在你想离职时极力挽留你吗？

当谈到升职轮次时，要注意你自己与公司之间的力量对比和博弈。这种力量对比和博弈每年都会此消彼长。例如，就某些升职轮次而言，你可能没有多少讨价还价的能力，因而你可能会对升职带来的体验感到"绝望"。而在未来的一轮升职中，也许你已在自己的专业领域里非常有名，以至于公司不但不想失去你，而且还很乐意通过将该职位扩展至包含其他职责或管辖其他市场的方式来给你升职奖励。例如，如果你所在的公司对新兴市场经验感兴趣，而你又在中东地区担任了三年的总经理，那么你就可以很好地利用这一点来将非洲市场纳入你的职责范围，以扩展你的职位职责并确保获得升职。但是，如果你想成为欧洲等更成熟市场的总经理，那你就没有那么多筹码来谈升职条件了。试着去了解个人力量和公司力量之间的这种跷跷板关系，以及在任何特定的时间里，你的个人力量体现在哪些方面。你需要明确哪些因素会建立、哪些会削弱升职影响力和升职筹码（见表6-3）。

表 6-3　建立或削弱升职影响力和升职筹码的因素

哪些因素会建立升职影响力和升职筹码	哪些因素会削弱升职影响力和升职筹码
结果与行为一致——管理预期的能力	缺少目标，更糟糕的是，没有管理预期
拥有与公司的成长机会一致的混合式经历	在被低估或业绩下滑的公司部门中工作的经历
高度人际关系化	不知名
颇受同事欢迎	狂妄自大、傲慢
有诸多选择	威胁离职 拒绝升职
在对的时间提出升职要求——幸运降临	在错误的时间要求升职
融入公司感兴趣的社群，如女性、双性恋和跨性别者、少数族裔	
拥有很高的声望	与可能将你拉下马来的失败项目或任何其他声誉污点有牵连
与公司变革和成长领域保持一致	不清楚公司战略，不熟悉关键人物，不了解公司目前面临的重大问题

让我们来更详细地了解表中突出显示的一些要点。

结果与行为一致

公司需要按季、按年向股东兑现承诺。在预测公司目标时不允许出现任何错误和意外，因为如果目标未能实现的话，媒体和股东就可能会毫不留情。因此，尽管公司表示它希望领导者创新，但或许它真正想要的是其高管的可靠性。被誉为"可靠的老手"是一种高度赞扬，尤其是在经济不稳定时。

高度人际关系化

尽早投入时间和精力来建立你的人际关系网，你就是在给自己赋能，使自己可以发现更多升职机会。一个

> 尽早投入时间和精力来建立你的人际关系网

人可以带来其他人，进而可以为自己带来升职机会。去展示自己，去建立自己的人际关系网，对人忠诚和友善，这将对你未来升职有很大的帮助。

融入公司感兴趣的社群

一种被动升职筹码出现在公司决定设立"提拔更多女性或少数族裔担任领导职位"这样的目标时。在高层升职轮次中，这种被动的升职筹码将表现出更大区分性。一些跨国公司规定，所有有资格晋升为总经理的女性部门经理都会自动入围，除非有充分的理由将她们从入围名单中除去。

如果你不属于公司感兴趣的某个社群，那么将你的独特技能带到一个通常无法接触到此类技能水平的市场，可以使你创造更积极的升职筹码。作为回报，你会因此得到一些额外的东西，而这些东西又会使你处在更有利的升职位置上。例如，作为一名营销总监，你可以通过谈判去某个真正看重你高超的营销技能的较小地区市场担任某个职位，以至于公司实际上可能会给你一个商务总监的位子，这意味着你现在也要负责销售队伍了。这样，你不仅从营销总监升职为了商务总监，而且你现在也为接下来升职到更高级的综合管理职位做好了充分准备。

与公司变革和成长领域保持一致

要成为有公司政治头脑的人，就需要具备读懂公司环境并利用它来发挥自身优势的能力。比如这会出现在即将发生重大变革时。尽管我们通常都会抵制变革，但在发现有升职机会的情况下，即将实施的合并或新的运营模式就是你能收到的最好消息。当变革代表了一个可以使你晋升到更高职位的机会时，那就把变革当作你最好的朋友来对待。去参与任何委员会或跨职能团队，如果它们正在对实施变革的方式和时间进行前期了解的话，这将使你提前获知有关公司结构变化、职位需求及时间表等内部信息。你可能会参与设计一个需要且适合你的才能的新职位，这样你就可以被看作变革的一部分。

> **把变革当作你最好的朋友来对待**

千万不要威胁离职

你最大的筹码在于成为一个价值增值者，这样，你所在的公司或你的领导就会担心你可能辞职。你需要巧妙地处理这一点。千万不要威胁离职，以免他们认为你是在虚张声势。千万不要抱怨你在其他地方能拿多少报酬，因为这会让人反感。初级员工总是犯这样的错误，他们认为他们应该让其领导知道自己在别处能拿多少工资。这样的策略太天真了，你会被认为不成熟。没有人会欣赏这种行为，而且当威胁演变为争吵时，要恢复忠诚和信任总是很难。相反，要巧妙地处理这一点，你可以扩展你的外部关系网，让你的领导知道你在和这个行业中有意思的人会面。让公司或你的领导知道你是高度人际关系化的且拥有诸多职位选项,是一种巧妙的沟通方式。

狂妄自大、傲慢

你的工作可能很出色,你获得了很多表扬,你心里开始琢磨公司有多需要你留下来。于是,一种狂妄自大的情绪开始出现,你可能会自认为自己的价值正在增加到成为无价之宝的程度。实际上,没有人是不可或缺的。"任命新的集团首席执行官"这件事就很能说明问题:这个职位通常会有两或三名优秀的

> 没有人是不可或缺的

内部继任者候选人,他们都拥有出色的业绩和巨大的附加值,都是该职位的有力竞争者。然而,当一个候选人成功时,其他两个候选人通常会辞职,甚至可能被这位新任首席执行官调离。这似乎是对人才的巨大浪费,事实的确如此,但事情就是这样。因此,你不仅要确保增加你在公司内部的附加值,同时也要与外部世界保持联系——与你所在行业以及你所在公司以外的人保持联系。如果你所在公司不认可你的才能,你也想到其他地方去发挥自身价值的话,这种联系就为你提供了更多选择。

第 6 章
公司政治：积累对你有利的机会

在对的时间提出升职要求 —— 幸运降临

当机会出现时，要准备好去发现它。我曾遇到过一位年轻的领导者客户，他梦想的职位是所在职能部门的领导。运气在他获得他想要的升职过程中发挥了主要作用。当现任者离职时，我的这位客户有几个不错的理由获得他想要的职位——其中一个理由是，公司在一年前进行了重组，所有大人物都被重新分配了职位，因此必须有个年轻的领导者来补缺。在为此付出大量艰苦努力的过程中，机会来了，幸运也不期而至。我的客户获得了一次重要的跨越式升职，一跃成为部门领导，进入到公司高管团队。

你可以拒绝升职吗

是的，你可以拒绝升职，但要向你的利益相关者特别讲清楚你拒绝的原因，并解释这是出于特定原因的单次行为，并不是说你对未来升职没有想法。我认为连续拒绝两次升职是个很严重的失误。但如果你别无选择，那就要花大力气讲清楚你的理由，并为未来的机会制订时间表。举个例子，一位女性高管决定拒绝升职，因为这会占用她太多照顾孩子的时间。这是拒绝升职的一个常见且管用的理由。不过，这位女性高管应该制订一个时间表，就她何时更愿意接受升职做出说明。例如，她可以说，三年后孩子就要上学了，那时将是拓展自己职业生涯的好时机。否则，再过两年，如果这位女性高管又以同样的原因拒绝另一次升职，而她又没有就接受未来升职的时间表与领导进行沟通，那么猜猜看，会发生什么？人们会开始对现在看起来像缺乏承诺的事情感到很恼火，并认为她再也无法升职了。你要负责管理好自己的信息，不要以为别人都知道你是怎么想的。你应该清晰地传达你拒绝升职的理由和接受未来升职的时间表。

> 为未来的机会制订时间表

拥有很高的声望

你应该重视如何积极地建立和维护自己的声望，还需在必要时修复你的声望。其他人如何看你对你的升职前景来说非常重要，因为一些决策者会主动向很多人征求对你的看法，包括你以前的领导、你的团队成员、你以前的和现在的同事。当这些决策者给你的同事打电话询问你的

第 6 章
公司政治：积累对你有利的机会

情况时，他们会试图从人们对你的总体印象中得出某个答案——你是否可靠，是否能顶住压力完成任务，是否需要留意，哪些词最能描述你。这种累积起来的对你的印象会决定你能否升职。任何贴在你身上的无益标签都会在公司的印象中留存多年，所以你需要意识到别人对你的看法，并积极主动地管理这些看法。如果你认为别人对你的看法低估了你的潜力——那你就应该去改变它。

不要以为别人会注意到你的出色工作，你需要把你的成功说出来。要抓住机会让整个公司的人都知道你是个有着不错想法的人，或是你解决了哪些棘手的问题，或是管理着哪些关键项目，或是其他什么。你不一定要拿着喇叭大声高喊，而是可以很巧妙地做到这一点——但不管怎样，一定要让别人知道你擅长什么，并取得了哪些成就。

> 一定要让别人知道你擅长什么，并取得了哪些成就

人们常说，女性在这方面表现不如男性。一般来讲，男性从天性上比女性更善于谈论自己的成功；而女性则较为谦虚，总是等待别人来认可她们。因此，任何沉默少言

的女性读者都应该记住：谈论自己的成就并非自夸或者会令人反感——在竞争激烈的公司环境中，通过让别人了解你和你的出色工作来获得奖励这一点很重要。你一定不希望在女性同事同样能干的情况下，到头来升职的却只有男性。

6.3 你的关键任务：了解你升职过程中的公司政治学

你的关键任务是收集有关公司政治的信息，这些信息与读懂公司、抓住可以发挥你的影响力的机会以及积累升职筹码有关。

了解你升职过程中的公司政治学	
读懂公司	所搜集的有关公司政治的信息
实际的升职流程是怎样的	
我能确定我的领导是唯一的决策者吗？他的团队、预算负责人、上级也会参与决策吗？我选了一位优秀的领导吗？我的领导的职业规划是怎样的	
我是不是对我的领导来说太重要了而无法获得升职？我确定好我的继任者了吗	
我是不是太注重业绩，而对人际关系重视不够	
我是在聪明地工作还是在努力地工作	

第 6 章
公司政治：积累对你有利的机会

（续）

了解你升职过程中的公司政治学	
读懂公司	所搜集的有关公司政治的信息
我能不能更机会主义一点，而不是等待年度晋升轮次？	
我处于"跷跷板"的什么位置	
我能做些什么来建立更多的升职筹码 ● 结果和行为一致 ● 拥有与公司的成长机会一致的混合式经历 ● 高度人际关系化 ● 颇受同事欢迎 ● 有诸多选项 ● 在对的时间提出升职要求——幸运降临 ● 融入公司感兴趣的社群 ● 拥有很高的声望 ● 与公司变革和成长领域保持一致	
哪些因素会削弱升职筹码 ● 缺少目标且没有管理预期 ● 在被低估或下滑的公司部门中工作的经历 ● 不知名 ● 狂妄自大、傲慢 ● 威胁离职 ● 拒绝升职 ● 在错误的时间要求升职 ● 与可能将你拉下马来的失败项目或任何其他声誉污点有牵连 ● 不清楚公司战略，不熟悉关键人物，不了解公司目前面临的重大问题	

Your Next Role

How to Get Ahead and Get Promoted

7

人：弄清楚谁是真正的决策者

- 确定决策者及其影响者
- 发起你的利益相关者运动
- 你的关键任务：找出你的关键利益相关者

第 7 章
人：弄清楚谁是真正的决策者

7.1 确定决策者及其影响者

很多时候，你的领导决定了你能否升职。不过，也有不少情况并非如此。列出所有可能参与决定你能否升职的人，将有助于你绘制出可能的利益相关者全景图，以及你可能需要建立、更新或修复的关系。

考虑以下问题：

- 谁是首要决策者？

- 谁是次要决策者？

- 谁是决策者的主要影响者？

- 谁是否决权拥有者？

- 谁可能想要发挥影响来反对你升职？

看起来，你像是有许多利益相关者。尽管需要注意各方的角色和关联性，但你的主要任务是与首要决策者（即一个人）建立良好的关系。此外，有可能的话，只针对

3～5个人（即首要决策者、首要决策者的主要影响者、否决权拥有者和次要决策者）来扩展你的关系构建活动。虽然对谁可能参与其中有更多了解很好，但你也不必了解每个人。相信通过专注于少数几个人，你能够明智地分配你的精力。

> 你的主要任务是与首要决策者建立良好的关系

你向谁汇报

- 谁会是你的直接领导？
- 谁会是你的非直接领导？

你"直接"汇报的对象是首要决策者。

你"间接"汇报的对象是次要决策者。

实际上，尽管你认为对升职决策很重要的其他人可能并不是决策者，但他们仍可能对决策的制定具有重要的影响力。

谁是决策者的主要影响者

- 现任团队成员：你希望加入的团队都有哪些成员？你

第 7 章
人：弄清楚谁是真正的决策者

认为他们会对你的升职决策产生多大影响？

- 人力资源：谁是你新领导的人力资源合作伙伴，他们会对选拔过程和决策产生多大影响？

- 外部顾问：决策者是否有可以咨询的外部顾问？例如，决策者可能会请一名私教或猎头顾问，他们可能会对是否任命公司内部或外部的某位候选人产生影响。

如果你要为某位新领导工作，那你的现任领导很可能是新领导的主要影响者，因为他可以就你在目前工作中的表现和态度发表看法。尽管新领导会征求他的意见，但他可能并不是真正的决策者。如果担心你的现任领导不会给你多好的评价，并且他就是你想要改换门庭的原因，那你就需要拿出勇气，有技巧性地与你的新领导讨论这一点。如果新领导听到你冷静且深思熟虑地说明了你和你现任领导的工作关系破裂的原因，你就有机会在面对关系冲突时展示出你的成熟，你的新领导就可能会对你处理这种情况的方式留下深刻印象。尽量少解释，也不要针对个人。

不要列出你不能忍受你的现任领导或他不能忍受与你

共事的所有原因！这会使你看起来像个喜欢八卦的人，而且你的新领导也会担心，如果你和他的关系破裂，你最终也会这样子说他。用一种中性的语气简单说明情况，如"我和我现任领导的工作关系破裂了。我们对如何处理问题有不同的看法，总之，我的离开对我们双方都更好"。只有在被要求做出进一步详细说明的情况下，你才可以举例，但要简单明了且始终用中性语气来描述，绝不要粉饰发生过的事情。如果你认为这不公平，想自由表达你的不满，这样你的新领导才会明白你都在忍受些什么，那就继续吧，言论自由，你可以说你想说的话——但请相信我，这样做你很可能升不了职。

> 不要列出你不能忍受你的现任领导或他不能忍受与你共事的所有原因

谁是否决权拥有者

- 你领导的上级：也许你未来的领导是决策者，但他的上级能通过否决该决定来支持另一个更中意的候选人吗？

当我在猎头公司从事猎头工作时，这种否决权使我在职业生涯早期很有挫败感，直到后来我汲取了教训。几个月的物色过程包括寻找和筛选一份至多 3 名候选人的入围名单，但直到最后一刻才发现，我客户的领导有否决权，如果他没有参与这一物色过程，他会提出新的问题或制定新的招聘标准，那这 3 名候选人就有可能都被淘汰，然后物色过程又得重新开始。内部升职也是如此——了解你领导的上级，并尽可能与之建立关系，以避免任何否决的情况发生。

谁可能想要发挥影响来反对你升职

虽然你满怀希望地期待没人会发挥影响来反对你升职，但别太天真。这种情况可能比你能想到的更频繁——而且在各个层面都有。有很多人认为，他们升职的唯一途径就是逐个淘汰竞争对手。反对你升职这种情况往往是背着你发生的，并表现为你的同事（只有他们会把你当作升职方面的竞争对手）和你未来的领导的消极攻击言论，通常像这样：

"我喜欢迈克。他很不错。不过迈克的问题显然是他无法领导好他的团队……"

"我喜欢莎莉。但人人都知道莎莉缺乏做出真正艰难决定的勇气……"

"马特是最棒的。我喜欢和马特一起工作……但很遗憾,马特从不提出新想法……"

"她会是个不错的选择……不过很显然,她以前从未接触过损益表……"

这种狡猾的竞争很普遍。擅长这种不易察觉的表演的人可以很巧妙地做到这一点:表面上看是在夸人,实际上却是在将竞争对手淘汰出局。尽管你有很多优点,但对于一个批评者来说,要在你身上找到一个明显的弱点或缺陷,并在他们针对你的负面宣传中加以利用并不难。而且,这表面上还是以一种很有风度的方式进行的,以至于"批评者是在公然批评"这一点并不是很明显——因为这种批评几乎是被"偶然"提及的。之所以说这种方式聪明,是因为这些人会挑出一个事实来加以利用。那么,对于这种负面宣传,你能做些什么呢?我建议你自己不要卷入其中,如果你听说了针对你的负面宣传,那你应该正面回应。例如：

"有人说我最糟糕的地方是我缺乏做出艰难决定的勇气，但那个人可能是在说我的过去。那时是那时，现在是现在。从那以后我就学会了做决定。例如，最近我决定……（插入例子）所以毫无疑问，我已经做好了升职准备。"

承认你的弱点（如果是事实的话），但把它限定在过去，这样你就可以在没有负担的状态下自由地向前迈进。如果你没有意识到自己的明显弱点或关于你的负面八卦，那就有必要请你的团队成员来告诉你。

7.2 发起你的利益相关者运动

发起你的利益相关者运动关键靠的是勇气。这可能会使你完全脱离自己的舒适区，并开始向决策者介绍你自己，向有影响力的人寻求支持。如果升职需要这样做的话，那你就应当尽力争取。对升职而言，你在这个过程中的努力程度与他人对你的承诺一样重要。如果你自己都不想方设法让别人注意到你，你又怎么能指望别人会不遗余力地提拔你呢？如果你愿意展示自己，扩大你的影响范围，那你理所当然地就会离成功更进一步。即使在最后，你的第一次努力没有得到你想要的结果，但最终你还是会建立起新的关系，而这种新关系很可能会在未来开花结果。通过提高知名度，并让别人知道你是谁以及你有着怎样的抱负，你就成倍增加了在关系建立所创造的新的更大可能性空间中获得其他升职的机会。勇气就是，即使感到恐惧也要继续走下去。

> 勇气就是，即使感到恐惧也要继续走下去

介绍自己

我有许多客户从未见过决策者。这绝对不明智！你应该向决策者介绍你自己和你的升职理由。如果你还没见过决策者，而升职决定又迫在眉睫，那就需要安排一次会面或电话拜访来向他介绍你自己。花点儿时间准备一两个主题，说明你是谁、担任什么样的职位，然后说你是升职候选者之一。你可能会觉得自我介绍只是礼貌之举，但如果谈话进行得很顺利的话，你甚至可以寻求对方的支持。做这件事可能需要勇气，但其实很简单。忽视决策者绝对不

是明智之举。有时间的话,要和决策者多会面或多交流,以获得其支持。这是未来3～6个月里一种更为中期性的关系建立活动,它取决于你的升职时间表。

> **忽视决策者绝对不是明智之举**

来自高层的忠告

影响你的升职利益相关者的最佳做法就是表现得真实。告诉他们你要与之会谈的原因。要超越公司政治,证明你不是在试图利用他们,而只是在积极主动争取。一旦他们认为你是可信的,你就可以开始下一项任务,让他们知道公司里其他人对你工作的看法——告诉他们事实,以及你有多适合升职的证据。

安杰尔·加维勒洛(Angel Gavlelro)博士
金融服务公司高级副总裁

准确把握你的知名度。利用你的成功案例让

> 你的升职利益相关者了解你。大多数领导都会给你升职方面的帮助的,不要害怕与他们交谈。找出一个让别人了解你的理由,将你所做的事情与他们很好地关联起来,并在谈话中加以利用。你会惊讶地发现,机会之门常为你打开。你的利益相关者会明白你想要进步,想要使你的职业生涯发展得更好。你需要做的就是,将你迄今为止的成功与他们关联起来,并与他们分享你的成功。他们知道这关系到你职业生涯的发展和你知名度的提高;同时,大多数人都会理解和尊重这一点,并愿意提供帮助。
>
> 劳里·鲍恩(Laurie Bowen)
> 英国大东电报局业务
> 解决方案首席执行官

使你与决策者的关系升温,以准备好升职推销

如果升职决定不是那么迫在眉睫的话,那就在你进行升职推销之前,将你的精力投入到使你与决策者的关系升温上。你可以就如何与对方建立联系向某个你们都认识的人征求建议,你也可以在公司的下一次社交活动中同他们打招呼,并试着去找到你们都感兴趣的话题或促进关系升温的机会。你可以邀请决策者参观你所在的部门或工厂车间、参加团队会议、会见你的客户,或者通过你能想出的什么办法来与决策者建立某种联系和工作关系。不管你认为自己的层级有多低,你都可以实施这些策略。如果你有勇气邀请决策者进入你的工作生活,那你就不会再像一个初级员工那样思考问题了,而且你也会给决策者留下深刻印象。

你知道谁可能影响决策者吗

现在是时候向任何愿意支持你升职的人寻求帮助了。你越能为自己的升职取得强大的支持,你就越能影响决策者。想想你以前的领导,你甚至可以一直追溯至你初入公司时的领导。那些人现在在担任什么高级职位,你能请他们为你多多美言吗?在同一个"战壕"里为共同目标而努力工作可以产生非常多不可思议的联系——以至于即使十年或更长时间过去后,那些和你有着共同团队经历的人也仍然可能会怀旧地回忆起那个噩梦般的项目，并很乐意帮助你。你不会威胁到任何职位比你高的人，所以这些人最有可能帮你，而且这会使他们意识到自己对于传播支持的重要性，因此向他们寻求帮助是双赢的！

请你的客户帮你说话

> 你的客户也的确可以在交谈中适时地为你送上漂亮助攻

如果你的工作要和客户打交道，那么请客户帮你说话是极具影响力的。对大多数公司来说，客户就是上帝，如果客户对你赞不绝口，那你未来的领导就很有可能会仔细倾听他们的意见。让你的客户知道你在准备升职，询问他们能否帮你争取。如果客户不感兴趣，那就不要再想了，因为他们有权拒绝。但是，如果客户看起来很和蔼可亲并答应帮你一把的话，那你也许就能找到一个不错的工作理由来促成有你、你的客户以及你未来的领导参加的会面或晚宴。准备好可能要对你未来的领导说的内容是有益的，而你的客户也的确可以在交谈中适时地为你送上漂亮助攻。客户知道他们在帮你一个大忙，并且希望你也能够在适当的时候回报他们。

修复任何冲突

如果在范围更广的利益相关者当中，有你过去疏远过的人，那么修复这种关系很重要。不要简单地去碰运气，不要以为他们可能会忘了你有多令他们烦，或者你在他们的领导面前说过他们的坏话，或者其他冲突。随着时间的推移，大多数先前的冲突可以很容易从新的角度去重新审视，也更容易得到对方谅解。通常，修复一段关系最简单的方法就是为你的行为方式道歉（不管你是否认为自己之前行为有多糟糕），并说你希望现在可以冰释前嫌。道歉可以缓和与对方的关系，尤其是在他们可能引发更多冲突时。他们很可能会说他们已经忘了这一切，并说别担心。大多数人都会做出积极的回应。如果因为某种原因，对方仍然怀恨在心，那你至少知道自己已经试过了。

> 道歉可以缓和与对方的关系，尤其是在他们可能引发更多冲突时

着手了解首席执行官

你的撒手锏可能是与首席执行官（或尽可能高级别的人）建立关系，这样你就可以获得来自公司最高领导层的强大支持了。如果你和首席执行官相处融洽，那么你在与工作就是取悦首席执行官的人打交道时就有了更多的筹码。与首席执行官建立关系比你想象的要容易得多。首席执行官通常希望与公司各个层级的人员都建立关系，以使他自己能了解基层的运作情况。所以，能否与首席执行官建立关系，就看你能否主动加入任何一个可以展现你的水平的任务小组。或者考虑一下，你是否可以主动成立并领导一个与首席执行官的议题相关的特别工作小组，并邀请首席执行官参加成立大会。

> **案例**
>
> **索菲：如何获得首席执行官的关注**
>
> 索菲（Sophie）是一家美国公司的销售总监，她刚开始在欧洲分公司担任新职。虽然她在当地产生了良好的影响，但索菲非常清楚，因为公司

第 7 章
人：弄清楚谁是真正的决策者

大部分高管都是在美国工作，所以她有必要在公司美国总部树立自己的形象。她特别渴望成为首席执行官的终极利益相关者。

尽管她知道自己的顶头上司已经是她的支持者了（因为聘用了她），但真正的成功在于想办法给她上司的上级，也就是首席执行官留下深刻印象。

该首席执行官在欧洲分公司召开了一次年会，并就公司发展方向做了一些重要的战略阐述。索菲对这些信息进行了提炼，并使之与自己的团队关联起来，然后通过电子邮件分发给了团队成员。随后，索菲将这封邮件转发给了自己的上司，几乎可以肯定的是，她的上司会将该邮件转发给首席执行官，以说明索菲是如何思考、如何实施价值增值的。首席执行官看到这条经提炼的信息后，对该邮件和索菲抓要点的能力非常赞赏。

最终的结果是，索菲引起了首席执行官的关注，而她的上司也因为招聘到了合适的员工而受到表扬。每个人都是赢家。

传达你的抱负

你需要开始让别人知道你想要什么了。除非你将关键的利益相关者关系转化为促进你预期升职的通货,否则把所有时间都花在建立这些关系上没有任何意义。如果你认为这话很对,那很好,这表明我们意见一致。你想不想升职?你必须毫不遮掩地承认这一点。想升职并不是什么好害羞的事。你需要让人们知道你走在晋升之路上,而且你需要他们的建议和支持。

> 想升职并不是什么好害羞的事

来自高层的忠告

表现出主动性、灵活性和超越当前职位职责范围运作的能力,因为你永远不知道机会会从公司何处涌现出来。向你的利益相关者传达你的抱负,但不要表现得太缺乏自信或太咄咄逼人——那样会使你失去吸引力。广撒网,但不要把自己局限在某个特定的职位——同样因为你永远不知

第 7 章
人：弄清楚谁是真正的决策者

道机会会从公司何处涌现出来。

延斯·巴克斯（Jens Backes）

电信行业接入服务副总裁

找公司领导者聊聊，了解他们需要什么。你可以与他们会面，使他们了解你，并向他们传达你的成果和业务影响力。你需要让他们了解你的抱负。记住，你要积极主动。即使你认为自己还不具备这样的能力，那也要问问他们你需要做什么和怎么做才能获得发展。确保人们意识到你对这个职位感兴趣，即使你还不具备相应的能力，但你可以开发这些能力。

琼·霍根（Joan Hogan）

技术行业集团高级经理

不要害怕和利益相关者交谈，但也不要以为你会因此获得升职。你要弄清楚什么样的新职位刚好可以使你发挥你的独特技能，以及你要怎样做才能为你周围及职位在你之上的人解决问题。当你进行升职推销时,你必须知道你会遇到什么,但不要害怕那些你不知道的事情。如果你有经验,那就要积极乐观,并展示出这些经验将如何使你进行更高层次的运作。在你进行升职推销前,确保你从对的人那里获得了合适的支持;在你升职后,你要确保那些给过你支持的人将从中受益。

彼得·罗林森(Peter Rawlinson)

Continuity 公司首席营销官

在如何构建你的人际关系方面,你要有创造性。你要么请一个关键的利益相关者做导师,要么弄清楚如何与他们建立联系,并构建这种关系。你要去了解他们是怎样做选择的。你可以邀请他们去喝咖啡,向他们汇报,和他们一起打网球。总之,你需要建立并拓展你的社交圈。

乔治娜·法雷尔(Georgina Farrell)

英国保险行业,跨国人力资源主管

第 7 章
人：弄清楚谁是真正的决策者

> 推动变革和交付是关键。一开始，你需要通过交付来打开知名度。在初级层面，你还应弄清楚需要交付什么才能给人留下深刻印象。这可能与公司和行业有关。我认为做一名职能主管的想法已经过时了，公司需要能以协作方式跨职能工作的员工，干得好的员工有能力去海外工作。于是，升职取决于两个方面：声誉管理和人际关系网。首先，你需要用合适的人来管理你的声誉。其次，你需要能够影响到合适的人，以在机会来临时，使决策者了解到你，并在做升职决定时考虑到你。记住，一个工作出色但默默无闻的人永远升不了职。
>
> 马库斯·米勒希普（Marcus Millership）
> 劳斯莱斯（Rolls-Royce）共享服务人力资源主管

7.3 你的关键任务：找出你的关键利益相关者

为了获得升职，你需要找出决策者及其影响者，并发起你的利益相关者运动。你需要采取以下措施。

1. 找出与升职决策有关的所有人:

找出你的利益相关者	
你向谁汇报	决策者姓名:
谁会是你的直接领导	
谁拥有该职位的预算管理权	
谁会是你的非直接领导	
谁是否决权拥有者	**否决权拥有者姓名:**
谁是否决权拥有者	
谁能影响到决策者	**影响者姓名:**
谁是决策者的主要影响者	
谁可能想要发挥影响来反对你升职	

2. 确定利益相关者的重要性顺序:

- 首要决策者

- 否决权拥有者

- 次要决策者

- 影响者

画三个同心圆。在中心圆圈中,填写你确定的首要决策者姓名和对首要决策者拥有否决权的任何人的姓名;在紧邻的外层圆圈中,列出辅助决策者;在最外层圆圈中,写下影响者姓名,即有能力影响首要决策者的任何人、有能力影响否决权拥有者的人、有能力影响次要决策者的人(见图 7-1)。

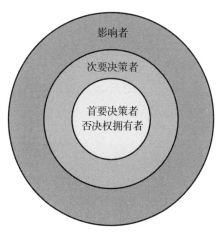

图 7-1 你的职位利益相关者

这就是你的利益相关者名单。不过,如果最终人数达到或超过 10 人,也不要感到不知所措。通常会有些明显的机会来校准这份名单。关键在于首要决策者,其他人通常并没有首要决策者那般重要,因为对其他人来说,这种利害关系还不足以使其做出与首要决策者相左的决定。

3.确定谁最重要,并发起你的利益相关者运动:

确定利益相关者全景图		
利益相关者	写下他的姓名	发起你的利益相关者运动
1. 首要决策者		建立联系：
2. 首要决策者的影响者		1. 介绍自己
3. 否决权拥有者		2. 使你与决策者的关系升温，以准备好升职推销
4. 否决权拥有者的影响者		3. 你知道谁可能影响决策者吗
5. 次要决策者		4. 请你的客户帮你说话
6. 次要决策者的影响者		5. 修复任何冲突
		6. 着手了解首席执行官
		7. 传达你的抱负

Your Next Role

How to Get Ahead and Get Promoted

8

业绩：交付出色成果以赢得关注

- 建立一个令人印象深刻的成果展示平台
- 发现新一波大浪潮
- 你的关键任务：提出你的新想法

第 8 章
业绩：交付出色成果以赢得关注

8.1　建立一个令人印象深刻的成果展示平台

本书一直都在强调"要比做好当前职位工作做得更多"这一点的重要性。但要明确的是，你不应因此而忽视需在短期内交付的东西。决策者会通过你在当前职位上达到并超越预期的方式来评估你未来的潜能。

> **建立一个令人印象深刻的成果展示平台**
>
> - 按时、按预算履行你当前的职责
> - 让你的团队为你工作
> - 主动承担你的领导的职责
> - 参与引人关注的项目
> - 展示你的领导素质
> - 参与跨职能计划

- 尽早获得国际经验
- 参与或创立创新项目
- 代表你的公司出席行业平台活动

按时、按预算履行你当前的职责

这一点似乎不言而喻，你只有做好当前职位的工作，才有可能被考虑晋升到更高职位。我在埃森哲咨询公司任职的早期就知道了"按时、按预算履行职责"这句箴言，自那以后，这句话就一直萦绕在我心头。让它也深入你心吧。对你的客户或领导来说，没有什么比在最后期限内完成任务并且不超预算更令人高兴的了。

记住，这一切都与你聪明地（而不是努力地）工作并腾出时间来计划你的下一次升职有关。大多数中层管理者都忙于处理细节问题并取得成果，几乎没有时间或空间来思考如何晋升到更高职位。一方面，我已说过多次，但总觉得还不够，即光凭业绩是不能使你升职的；另一方面，如果你在当前职位上做得不够好，那么你被考虑升职的概率就会受到严重影响。

第 8 章

业绩：交付出色成果以赢得关注

让你的团队为你工作

为了能抽出时间来关注你的升职前景，你应该考虑：你有机会让你的团队更努力地为你工作吗？到了要重新调整团队及团队成员的工作重点的时候了吗？如果你设想自己将在 3 个月内获得升职，那你在从现在到那时的这段时间里应做出什么改变呢？你得找个继任者。你找到了吗？如果没有，那是因为什么原因呢？你的团队中应该有一个能接替你的人。如果你的团队中有人具备这个潜力，那你现在就可以着手培养他们了。如果你的团队中无人能接替你的职位，那就考虑一下要确定什么样的招聘标准，并开始与你的人力资源合作伙伴讨论是否需要为你的团队物色二号人物。如果你觉得这会给你的升职前景带来建设性的变化，那就告诉别人你想要升职，并做好升职准备。

> 你的团队中应该有一个能够接替你的人

主动承担你的领导的职责

主动向你的领导提出你想承担超出你当前职位的职责

范围的职责。但要记住：你的目标是获得升职。主动要求承担额外职责有助于增强你的领导力，并提高你在公司中的知名度。但是，你要避免承担了许多额外行政事务，最后却沦为你领导的"殉道者"这种情况出现——那只是让他看起来做了很多，而做了所有工作的你却没有得到任何奖励。当你承担更多的领导职责时，你应该让你的领导知道你这样做是在为升职准备积累经验。让别人知道你承担了额外的职责，这样他们就会意识到你是有抱负的，而且已经主动行动了。不要对自己的成就谦虚。

> **要记住：你的目标是获得升职**

来自高层的忠告

我的出发点是你应该兑现自己在当前职位上所做的承诺。无论你的抱负有多大，都不要让它们将你的注意力从在当前职位上取得出色成就分散开。首先，你总是需要做好当前的事情，这样就没有人（同事、直接下属或那些职位在你之上

第 8 章
业绩：交付出色成果以赢得关注

的人）会质疑你的表现。其次，你要始终如一地对待他人，无论是你与他们一起共事，还是你为他们工作，或他们为你工作。最后，你还要有意识地去关注你建立的关系，这不仅有关你的人际关系网，同时也有关通过对他人的真正兴趣和好奇来建立长期关系。

安德鲁·法默（Andrew Farmer）

澳大利亚联邦银行（Commonwealth Bank of Australia）国际金融服务首席信息官

你至少要在升职前 6～12 个月内达到最佳状态。首先，要展现出你在更高层次上运作的能力以及你的商业头脑；其次，你要证明你的价值，而且你要能够在更高层次上证明你对公司的价值；最后，要始终表现出自信。

阿夫里勒·图米（Avril Twomey）

快速消费品行业，Glenilen 农场公司营销主管

参与引人关注的项目

你知道首席执行官看重什么吗？公司的战略是什么？有哪些关键项目是从首席执行官关注的议题向下逐渐渗透形成的呢？如果你还不知道这些问题的答案，那现在就是你找出答案的机会。如果你觉得集团首席执行官关注的议题与你的实际情况相去甚远，那这本身就是一种认识。为什么你会觉得自己与首席执行官的议题及公司战略如此脱节呢？如果你有这种感觉，那很可能其他许多人也是如此。你能否试着向你的领导或你领导的上级建议，让你成立并领导一个专门的工作小组来将公司战略与日常工作联系起来，以填补这一空白呢？试着参与或创立一个引人关注的变革项目。不管怎样，你都要设法和集团首席执行官保持密切联系，或者尽可能接近公司高层。这可能比

> 试着参与或创立一个引人注目的变革项目

你想象的要容易。公司总会有一些变革项目在进行，你只需要做好你的研究，并找出有哪些事情正在发生，然后尝试发挥促进作用即可。你可以从任何涉及管理咨询顾问的项目开始——如果公司愿意投入管理咨询费用，那就可以

第 8 章
业绩：交付出色成果以赢得关注

确定他们正在制订某项战略变革计划。

> **案例**
>
> **法布里斯：如何积极争取升职**
>
> 在职业生涯的早期，法布里斯（Fabrice）加入了一家行业领先的能源公司，并担任该公司区域业务开发经理一职。他向该公司在本地区的区域业务开发总监汇报工作，他很确定自己想要一个更具战略性的职位。
>
> 几个月后，公司提出了一个项目，该项目涉及使以前外包的公司开发业务回流进公司内部。法布里斯针对该项目做了些试探。他很快就了解到，公司的很多关键人物都参与了该项目，并且公司首席执行官就是最重要的发起人。事实上，第一次简报会就是由首席执行官主持的。
>
> 意识到有露脸的机会，法布里斯和他的领导讨论了该项目。法布里斯主动提出想参加这个项目，并被任命为项目负责人。法布里斯的领导建

议他利用该项目与关键利益相关者建立联系。法布里斯知道这是一个给人留下深刻印象的机会，他努力工作以实现项目目标。借助该项目，法布里斯与一些高管定期接触，他有意识地提高了自己在集团商务总监面前的形象，同时还向这位总监报告项目的最新进展。

在该项目接近尾声时，法布里斯接到了集团商务总监的电话。这位总监告诉法布里斯，自己的领导在谈及另一个地区的区域总监空缺时提到了他的名字，并问他是否愿意去应聘这个职位。当然，法布里斯抓住了这个机会，他去面试并得到了该职位。

在法布里斯升职 18 个月后，公司经历了一次重组。这一次，首席执行官找到了法布里斯，要他负责一个为期两年的公司转型项目。法布里斯利用这个机会表达了他对成为集团行政领导团队一员的兴趣。法布里斯和首席执行官讨论了该职位，以及他要为获得升职做些什么。掌握了必要的信息后，法布里斯把该项目视为帮助他获得

第 8 章
业绩：交付出色成果以赢得关注

> 升职的机会，他努力工作以取得成果。又过了18 个月后，法布里斯加入了向集团首席执行官汇报工作的行政领导团队。

展示你的领导素质

你能通过向你的领导展示自己的领导素质，成为你所在团队的领头羊吗？你认为你的领导考虑你作为他的继任者了吗？如果没有，是因为什么呢？你能请你的领导给你提些建议，告诉你要怎样才能展示出更高的领导素质吗？

有没有你可以主动提出去领导的新实践领域？如果你能就某个新的成长领域向公司建言献策，并主动领导与之有关的业务，那么你就是在清晰地展示你的领导素质，并向别人表明，你准备好了或你值得获得升职。在你职业生涯的早期，你就要证明你有勇气、意愿和信心为了公司的利益做出改变。

不管你处于哪一层级，都可以遵循以上建议。不要把这看作是你升职后才可以做的事情。你现在就可以开

> **现在就可以开始给自己赋能，以成为领导者了**

始给自己赋能,以成为领导者了。例如,如果你现在20多岁,那么通常你的技术水平会比一些四五十岁的年长者高很多,因此你也许可以提出某项数字化策略或新应用来提升公司的产品和服务的品质。

参与跨职能计划

企业是高度矩阵化的,因此跨职能计划对于改善不同部门团队就各自目标进行的沟通和协调非常必要。参与这样一个跨职能团队是让升职决策者在你职能范围以外了解你的一种好方法。这不仅使决策者了解到你,使你有更好的机会接触到决策者,而且还可以使你从其他部门的同事那里了解到与他们所在领域有关的诸多升职机会,以及谁是一位值得为之工作的好领导。

参与跨职能计划还是担任非正式领导职位的一种好方法。通常人们并不特别热衷于领导这样的项目,因为这会占用他们的日常工作时间。不过,你可以把参与跨职能计划看成是对你领导技能和经验的不错投资。

尽早获得国际经验

在另一种文化和环境中工作对于拓展你的经验和技能组

第 8 章
业绩：交付出色成果以赢得关注

合是非常有用的，并会给你的长期职业生涯带来丰厚回报。学习如何适应新的文化和新的环境本身就是一项技能，同时也是升职决策者十分看重的东西。加入不同的团队，或学习如何影响和领导具有不同背景的人，将使你从中受益。与更成熟的市场相比，在新兴市场工作会令人非常兴奋。确切地说，新兴市场既是你所在公司未来成长之所在，又是你的升职机会之所在。通过去新兴市场任职，你还可以加快你的职业生涯发展，更快升到更高的职位。你应尽快了解你所在公司将在何处设立新部门，并考虑参与其中。

> 新兴市场既是你所在公司未来成长之所在，又是你的升职机会之所在

案例

奥伊布赫：尽早获得国际经验的好处

奥伊布赫（Aoibhe）现为一家药企的首席执行官，她在职业生涯的早期曾被外派到美国从事过两年的研发工作，她认为从这次经历中获得的经验对帮助她得到目前的职位来说非常重要。

她在这次外派之前一直从事市场营销工作，对公司要求她从荷兰老家去美国从事研发工作并不怎么感兴趣——她钟情的是营销。除了职能上的改变外，这次调动还意味着她要举家迁往大西洋彼岸。现在回想起这次经历，奥伊布赫认识到，除了自己所表现出的忠诚和灵活性外，这次调动也令她获益良多。当时，获得国际和跨职能经验是不同寻常的事，因此她的专业技能使她有别于其他同事。

回顾她目前对领导一家公司需要什么的理解，奥伊布赫意识到她实施了一项很棒的策略。在离开荷兰时，她安排了一名非常不错的继任者来接替她的市场营销管理职位。此举使她的声誉在职位调动后未受丝毫影响，而且还展示出了她对公司的忠诚。调往美国工作是她首次冒险获取国际和跨职能领域的经验——对任何当代企业领导者来说，从多个角度看问题至关重要。

而且，在她的领导们当时就这个职位与她接洽

> 后，奥伊布赫的想法就非常明确了。她意识到他们来找她的原因要么是他们认为她是做这项工作的最佳人选，要么是他们正面临重大挑战，需要帮手。不管怎样，她认为这是个给人留下深刻印象的机会，一个领导项目并展示自己履职能力的机会。

参与或创立创新项目

大多数公司都对创新以及如何将创新基因嵌入公司DNA非常关心。如果你所在的公司没有创新项目，那么你只要指出这一点，就会被认为具有创造力。你可以提议成立一个专门工作小组来调查你所在行业的未来趋势、创新和行业颠覆者的各种可能性，以及你所在公司应如何更好地进行未来定位。研究其他公司是如何鼓励创新的只需花上数小时上网搜索即可。然后，你可以将这些最佳实践做法写下来，并将其呈交给你的领导。

代表你的公司出席行业平台活动

大多数人都很害怕在公共场合发言，所以如果你有信心代表公司参加行业活动的话,那你就可以使自己从同事中脱颖而出。也许你可以先写一篇关于某个专业主题的文章并将其作为营销材料发表,然后再从中提炼出若干要点来创作一篇与该主题相关的演讲稿。你所在公司的市场部可能会对此表示欢迎,并主动为你安排外部演讲者活动。

> **来自高层的忠告**
>
> 尽管你有某个特定的职位,有理想和目标,但你依然需要把精力放在引导和激励你的利益相关者上来。显然,你需要通过展示成果来实现和巩固你可能的升职。这里的有趣之处(秘密)在于:如何确定和传播你的成果,以及如何将你的成果同你的管理行为联系起来,与成果本身一样重要。
>
> 你需要用一个鼓舞人心的故事来说明你的工作重点以及你如何取得这些成果。而且,要说明你所采用的方式和你的管理风格,以及这些东西是如何与你有意承担的下一个职位匹配的。当潜在的职业发展机会出现时,你的成就与将你所展

第 8 章
业绩：交付出色成果以赢得关注

示出来的技能迁移至更大范围的能力之间的这种特定联系的确会带来不同！

事实上，关键是要不时分析一下你在公司中达到某个层级靠的是什么（是技能还是信誉），并认识到什么可以助你更上一层楼。然后你需要鼓起勇气放弃一些帮助你达到目前位置的东西，这样你才能把精力集中在未来更重要的事情上。做到这一点很难，因为你需要放弃的东西可能是你职业生涯的支柱，而且往往是你非常喜欢的。如果你真的想在公司中发挥更广泛作用的话，那么你需要停止做一些事情，尽管这些事情迄今为止一直是你职业发展的宝贵资产，但它们已不再是与你的现状最相关的了。你需要鼓起勇气把这些事情抛诸脑后（如果必须要做的话，就委派他人去做），去承担风险并为你的下一个高级领导职位拓展你的技能组合。

安德烈亚·圭尔佐尼（Andrea Guerzoni）
安永（EY）欧洲、中东、印度和非洲（EMEIA）
交易咨询服务负责人

8.2 发现新一波大浪潮

"业绩"（Performance）并不是只与做好你的当前工作有关。我还希望你能成为发现"新一波大浪潮"的人。我的意思是说，总会有些新事物即将到来——规则改变者、颠覆者、替代产品或服务、新技术或新的市场渠道。你能成为发现新事物的那个人吗？如果你能尽早发现某个趋势，或是向领导层提出一项很不错的新方案，那你一定会成为升职焦点。

新一波大浪潮可能已经到来，而你的公司却在忽略它。你可以成为指出这一点的那个人：例如，如果你的公司从事酒店业，却在自满地忽视新"共享经济"公司（这类公司将传统的服务提供商排除在外并在快速增长中）带来的颠覆性变化。又或者，如果你的公司从事城市交通运输业，却没有在利用智能手机应用技术来吸引客户使用你们的服务。如果"否定"是你所在公司或部门战略的一部分，那你就可以成为把这个问题大声说出来并提倡更多地接触新现实的那个人。如图 8-1 所示的那样，去成为领导者、战略家和未来主义者吧！

> 去成为领导者、战略家和未来主义者

第 8 章
业绩：交付出色成果以赢得关注

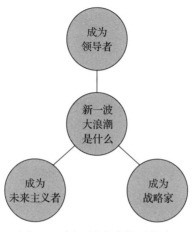

图 8-1　新一波大浪潮是什么

来自高层的忠告

跟上你所在行业的发展趋势。成为那个知道下一件大事是什么的人，并把这些报告给你所在的公司。

约翰·奎恩（John Quinn）

Digicel 集团首席技术官

倾听客户

你要做好客户调查，密切关注你的客户在建议什么或在抱怨什么。离客户越近，你就越有可能发现客户接下来想要什么。具有讽刺意味的是，处于第一线且与客户离得最近的往往是级别更低的员工——因此，尽管你可能觉得自己级别太低而无法发表意见，但要知道，你实际上比首席执行官及其领导团队更了解客户。你要准备好陈述显而易见的事实，尤其是在没人愿意这样做时。包括你的领导、首席执行官以及领导团队成员在内的大多数人通常都过于关注下一季度的业绩，以至于他们总是抽不出时间来思考所在行业的变化。最高领导层往往太过于依恋事物的现状，而对事物如何发展关注不够。你可能比所有其他人都更有见地。来看个简单的例子——超市。英国的一些超市曾有一段时间不卖新鲜水果和面包。虽然现在我们认为这是可以理解的，但在当时，这对超市来说是一项变革性创新。所以，考察一下你所在公司的现状以及公司所在行业，并想想这个行业面临的最大的问题是什么，以及你是否能就如何解决这些问题提出任何创意和见解。

> 密切关注你的客户在建议什么或在抱怨什么

第 8 章
业绩：交付出色成果以赢得关注

看看咨询公司在兜售什么

与管理咨询顾问会面向来都是好主意，与企业家（或创业者）会面更是如此。咨询公司的看法通常具有前瞻性，他们在"兜售"的想法和服务并没有完全落地或常态化。你可以通过浏览顶级咨询公司的网站来了解未来的发展趋势。例如，我浏览过四大管理咨询公司的主页，发现网络安全服务受到密切关注。考虑到最近的公司黑客丑闻，这是有道理的。而就你的目的而言，这引出了你所在公司是否有能力保护自身免遭网络攻击的问题。你能想象一下网络攻击对你所在公司造成巨大负面影响的情景吗？你要怎样才能精心设计这一主题领域，以深入洞察你所在公司的改进之道呢？你能把这和你想得到的升职联系起来吗？你能设计一个新的、战略性的内部网络安全专家职位来为你的升职做准备吗？

思考一个充满可能性的世界

与其思考什么是不能做的，不如重新调整你的思维模式，开始思考没有限制的可能性。例如，如果我拥有无尽的资源，我能实现什么？如果我拥有无限的预算，我能做什么？如果我拥有一个更优秀的团队，我们能取得什么样的成就？如果我每天的工作时间多10%，我能集中精力做些什么具有战略性的事情呢？有没有其他方法可以实现我们的目标？思考没有限制的可能性，可能会帮你产生与如何重新聚焦、如何重组团队以专注于新工作重点有关的想法。

利用公司资产实现更多价值

使自己成为会议室里最有智慧的人，要敢于发表你的观点，分享你的见解。最好的想法来自你对所在公司资产的观察，以及对如何利用它们来创造更多价值的思考。当你看到了新一波大浪潮，要么试着提出利用公司现有资产实现更多价值的新想法，要么提出富有想象力、创造性并能提高公司营收的其他任何建议。这会使你受到关注，而且公司也更有可能因此在你身上投资。

> **案例**
>
> **萨拉：做大事的重要性**
>
> 萨拉（Sarah）对事业有成的看法如下：

第 8 章
业绩：交付出色成果以赢得关注

"始终做大事"——找到一种方法，让自己在所做的事情上与众不同，表现得非常优秀，而不只是试图弄清楚如何实现自己的目标，这一点非常重要。这将使你在某个职位上脱颖而出，并在公司内外打开诸多机会之门。

"知道什么时候该走了"——如果你觉得自己在某个职位、某家公司或某位领导手下已经尽了最大的努力而始终无法更上一层，那就换个地方吧。学会识别征兆，根据时间尺度和预期做出改变。

"尽可能为自己的职业生涯多打开几扇机会之门"——在全球范围内而不是限定在某一区域内工作会打开更多的机会之门，转换行业会打开机会之门，改变职能也同样会打开机会之门。

萨拉的首要策略是交付出色的工作，并以此作为获得升职的起点。但是，交付出色的工作不是一个最基本的期望吗？是的，没错。但我指的是非常出色的工作。出色的工作和做大事指的是做些与众不同且超越人们预期的事。萨拉在电信咨询行业积累了20年的经验,那时,她成功地管理一个价值数百万美元的客户账户。由于管理某个重要账户(一家金融业巨头)的总经理即将退休,她要接替他管理该账户。这位即将卸任的总经理一直在做一项了不起的工作。他经常和这家客户公司的首席执行官共进晚餐,这是个十亿美元级别的账户,他管理得非常好,该账户可以说是萨拉所在公司里管理得最成功的账户了。萨拉回忆说,她对接受这份工作既害怕又兴奋:

"我知道这会是个巨大的挑战——我的意思是,要如何在此基础上做得更好呢?十亿美元级别的账户?公司里经营得最成功的账户?我知道,如果我准备接受这项工作,我就得干些大事。所以,我们卖给了该客户一些之前从未卖过的产品——我们将整个服务网络卖给了它们。这一做法产生了很大的影响,它使我在整个公司拥有了知名度。这真的改变了我的一切。"

8.3 你的关键任务：提出你的新想法

在新一波大浪潮的背景下，你有什么新想法？如果你做了调查研究，并能就你所在行业的下一个重大颠覆者发表看法，同时又能在争取新职位的过程中提出一个大而新或者一系列不错的想法，那么你的升职机会就会大大增加。就算你的想法过于雄心勃勃，实施起来也颇为费力，但至少已经展示出了你跳出框框去思考、去创新的能力。领导会喜欢那些有信心提出新想法的人。

提出你的新想法	
倾听客户： 客户在建议什么 客户在抱怨什么	
与管理咨询顾问会面，以发现： 最新的趋势是什么 有哪些热门话题	
思考一个充满可能性的世界： 发挥想象力 思考"如果……会怎样"的问题 有哪些可能性 如果没有限制会怎样 利用好奇心 为什么我们会以这种方式来做这件事 为什么我们不换种方式来做这件事	
利用公司资产来实现更多价值： 我们公司的核心资产是什么 我们能将这些资产用在其他方面吗	

来自高层的忠告

成功的一个关键因素是影响力。这对我来说意味着三件重要的事：首先，这与提出一个鼓舞人心、激励个人和公司的观点有关；其次，你要将这种观点融入公司并赋予它某个目标；最后但并非最不重要的是，影响力和成功来自始终如一地提供真实的成功证明！如果你在这方面做得很好，人们就会感受到活力并围绕该目标团结在一起。于是，这就成了你可以用作升职推销的成功故事，机会就会接踵而至。

扬·席德维德（Jan Zijderveld）

联合利华欧洲区前总裁

Your Next Role

How to Get Ahead and Get Promoted

9

主动性：主动提出升职要求

- 何时以及如何提出升职要求
- 准备好升职推销
- 你的关键任务：写下你的职位愿景和预期工作重点

第 9 章
主动性：主动提出升职要求

9.1 何时以及如何提出升职要求

如果你想升职，就必须积极主动。公司不太可能提拔那些没有自信主动提出升职的人。暗示成不了事，你得直截了当地提出升职要求。

> **何时以及如何提出升职要求**
>
> - 如果你没有提出升职要求，就不要期待会升职
> - 提出升职要求的时机很重要
> - 不要等待空缺职位出现
> - 不要在第一关就摔跟头

如果你没有提出升职要求，就不要期待会升职

当然，如果有一天他们的领导幡然醒悟，发现了他们的惊人之处，并将他们从默默无闻的中层管理人员中提拔升职，相信大多数人都会很满意。但我现在可以告诉你的

是，这永远都不可能发生。当所有直率的人都在为升职而努力，都在主动提出担任更高级的职位，并取得了证明他们能够胜任这些职位的足够筹码时，就不会有任何空缺职位留给那些彬彬有礼的人了。

很多人都认为要求升职太出风头了。他们希望不用自己要求就可以获得升职，不想被认为是咄咄逼人或"没礼貌"的。不过，虽然你并不天生就是一个爱出风头的人，但在竞争激烈的公司里，你不能退缩不前。你需要有坚定的自信，并清楚地表达你想要什么。你现在或未来的领导不是读心者，当他的团队出现空缺职位时，他可能不会那么清晰地意识到你就是最佳选择。你得提前几个月在他脑海里播下种子，然后，他才可能在适当的时候想起你。

> **在竞争激烈的公司里，你不能退缩不前**

案例

皮埃尔：如何掌控自己升任总监一职的过程

在一家全球管理咨询公司加速升任人力资源

第 9 章
主动性：主动提出升职要求

> 总监之前，皮埃尔（Pierre）曾担任过两年的人力资源高级经理。
>
> 从担任经理的早期开始，皮埃尔就知道自己想当总监——他雄心勃勃，想要接替他的领导的工作。有可能胜任这项工作的人力资源经理还有另外 7 人。除此之外，如果公司认为其内部没有人才，则通常会从外部物色候选人来担任总监一职。皮埃尔还知道，从公司的角度来看，他并不具备成为总监所需的全部技能，他需要提升其领导力才能胜任总监一职。当然，他面临的最大的挑战是确定他的领导何时离职。
>
> 那皮埃尔是如何设法升任总监一职的呢？
>
> 皮埃尔和他的领导相处得很好，他知道他们之间是彼此尊重的。皮埃尔曾不经意地对他的领导提起过，说他希望有一天能接替总监一职，他觉得这有一点点冒失。事实证明，皮埃尔的领导也是个雄心勃勃的人，他有志于在未来几年内离开公司去担任一个更高的职位，因此，总监一职会出现空缺。

虽然这位总监并没有向皮埃尔许诺让他接替这个职位，但是答应帮他制订一个升职计划。毕竟，这对双方来说都是有利的——皮埃尔很有可能获得升职，而他的领导也会有一个可靠的继任者。

皮埃尔与他的领导商定的升职计划包含三个关键要素。

首先，皮埃尔需要在业绩上取得更大的成功。在这之前，他一直在成功地扮演着支持者的角色，但他需要为公司争取更多的成功，并将这些成功传达给那些将决定他能否升职的公司高层。皮埃尔与他的领导共同拟定了一份同事名单，并与这份名单上的一些人进行了非正式交谈，以明确这些"成功"和"目标"的具体所指。然后，他通过正式的公司流程和年度审核，将这些具体内容纳入了自己的年度目标。

其次，皮埃尔需要在诸多领域展示出其个人发展，并提升领导力技能，尤其是在战略方面。他参加了一门人力资源战略强化课程，并为此获

第 9 章
主动性：主动提出升职要求

得了公司资助。皮埃尔在他的年度审核中描述了自己的个人发展目标，并将重点放在了通过"展示战略思维和方法"来确保自己获得公司的资助。

最后，皮埃尔绘制了一幅利益相关者关系图，确定了哪些人可能会影响对下任人力资源总监人选的决策。在他的领导的帮助下，皮埃尔确定了成为这些利益相关者顾问的方法。这使他有机会展示出他新获得的在"总监层面"上运作的技巧和能力，同时也使他有机会与决策者建立起私人关系。

通过一项新的方案，皮埃尔和他的领导一起创造了一个可以使他与首席执行官定期接触的机会，同时，这也为他提供了一个表达自己抱负的机会。

大约 18 个月后，皮埃尔在公司的一系列成功案例中发挥了核心作用，并且还非常成功地展现了他在战略层面上的运作能力。但在升职方面，一切都很平静。他的领导还没有准备好空出这个职位，还得再等六个月。在这段时间里，皮埃尔继续致力于给人留下深刻印象，并投入时间

> 和精力来维护他的人际关系。在制订他们的计划后不到两年,皮埃尔的领导离开了这家公司,皮埃尔也顺利晋升为了人力资源总监。

提出升职要求的时机很重要

你越是能把升职推销与合适的工作环境联系起来,就越好。所以,提前想好你提出升职要求的时机。也许你可以等待下一个"领导力开发日"再采取行动。在办公室以外的地方,决策者有着不一样的心态,他们特别愿意在休假期间考虑不同意见,你可以在这时勇敢提出升职要求。要不然,你就得勇敢一点,安排一次与决策者的办公室会面,以更新他们对你的工作进展的认知。理想情况下,这是对你现在参与的跨职能计划的认知更新,或是对你所建创新团队的认知更新,也可能只是对你日常工作角色的认知更新。

被某些决策者记住可能很难,但是如果这个机会到来,那你就应该好好把握。没错,虽然你要如承诺的那样

第 9 章
主动性：主动提出升职要求

介绍你的工作进展，但介绍应简明扼要，并将提问数保持在最低水平。然后，就"如何用升职重新定位自己"征求意见，并说明一下如果你被提拔担任更高职位，你对你将要做的事情有何愿景。如果你想提醒对方注意升职讨论将被列入会面议题，那也未尝不可。有时候，出其不意更有助于获得诚实的反应。

我知道，大多数人都会认为这种做法颇有些厚脸皮。是的，没错。但你想不想升职呢？如果你想，那你就得厚着脸皮提出升职要求。我敦促你要有足够的信心去要求你想要的。如果你对自己的价值主张有信心，那你提出要求时就会觉得更自在。相信我，十有八九的人都会被你的自信和抱负打动。如果对方不欣赏你的这一点，那你也可以知道，你并不会因此失去什么。

不要等待空缺职位出现

人们总是在各种职位间调动，所以你应该在职位出现空缺前就牢牢抓住机会。你可以通过"如果该职位出

> 你应该在职位出现空缺前就牢牢抓住机会

现空缺，我希望你会考虑我"之类的话来与决策者建立某种"心理契约"。这类话语不存在歧义，通过让对方知道这一点，你就把自己与某个特定职位联系起来了。决策者现在知道，如果你没有获得这个职位，你会不开心；而如果对方认为让你开心很重要，那么当该职位出现空缺时，他们就很难不把它留给你了。

如果他们真的把这个职位给了别人，那他们就会在要给你一些别的东西让你开心这方面承受更大的压力。而如果他们对让你开心并不在乎的话，那你或许就会开始意识到你应该换个新领导了（如果决策者就是你的领导的话）。

积极主动地提出升职要求并没有坏处。就算你提出的要求过高，而对方又低估了你，他们也还是会佩服你的胆量的，这会使他们对你三思而后行。只是要记住，积极主动地争取某个职位还是需要一些实实在在的东西来支撑的。

不要在第一关就摔跟头

当你对你的领导第一次提出升职要求时，你应该对碰到"不"或"还没有"之类的回答有个预期，这样你就不至于太过失望。不过，要意识到这是你迈出去的第一步。处理第

第 9 章
主动性：主动提出升职要求

一个拒绝和令人沮丧的言辞的方法是对此早做预判，并准备好回应："我想你可能会这么说，但我仍致力获得升职，所以请告诉我，我需要做些什么或改变些什么才能达成目标。"这听起来，你不仅展现出了一种自信和成熟的姿态，而且现在压力也在对方身上，他们需要向你解释你应该做什么。这样你就可以获得良好的反馈。如果对方清楚地说明了你需要如何改变，或者你需要取得什么样的成果，那么你就有了前进的方向，就知道努力的重点在哪儿。同时，你的领导和你之间也会产生另一种"心理契约"，你的领导会认为："我要他做某件事，他在六个月内就做成了，现在我应该提拔他。"

例如，我曾和一位想从部门经理升至总监的客户合作过。当她请那些最近成功升职的人给她提建议时，得到的回答是她至少需要两年时间才可能升职。与她希望当年就升职的想法相比，这样的回答自然很令人泄气。不幸的是，这位客户很轻易地就气馁了，以至于她那一年没再继续努力下去，转而简单地等着轮到她升职。这是一种典型的制度化僵化思维："他们告诉我需要两年，那就一定需要两年。"不要让别人左右你！我说服我的客户相信一切皆有可能。别人说这需要两年并不意味着你不能在一年内实现。为什么要因为别人的话而失去信心呢？满怀热情地去全力争取，看看会发生什么。迈出第一步，相信自己，要相信一切皆有可能，并积极主动地尽早实现升职。毕竟，如果你认为这需要两年时间，并为此制订了相应的计划，你猜会怎样？那就肯定会要两年。而如果你认为这有可能在一年内实现，并为此制订了相应的计划，你猜会怎样？那就可能真的只需要一年。

> 满怀热情地去全力争取，看看会发生什么

9.2 准备好升职推销

写下你的职位愿景、头 12 个月工作重点和头 100 天计划

如果你用一份书面文档来描述你对该职位的愿景以及你上任后的头 12 个月工作重点，那将给人留下深刻印象，并会给你提出升职要求提供支撑。在该文档中，你甚至可以写下你任职的头 100 天的计划。这样的细节层次会展示出你的认真程度，以及你对新职位的投入程度，而这会令

决策者印象深刻。

"职位愿景"是指：在你担任该领导职位的 2～3 年内，你对想要实现什么的具体想法。它是你的职位宣言。

你的下一个职位宣言

我希望在三年内实现与以下方面有关的目标：

- 愿景与战略
- 人员和团队
- 成果与可交付物

我所说的"头 12 个月工作重点"是指你在上任第一年将着重关注的 7～10 个关键优先领域。根据你设定的职位愿景，你希望在担任该职位满一年时在以下领域取得什么样的成果：

- 战略实施
- 招聘或重新分配资源

- 业务目标

- 创新

我所说的"头 100 天计划"是指一份清单，其中列出了你想要在担任该职位的头 3 ～ 4 个月内实现的 10 项预期成果，以证明该计划和职位愿景与头 12 个月工作重点是一致的。列出你作为新晋领导者将要采取哪些行动，以在如下领域快速起步：

- 管理角色转变

- 确保尽早成功

- 组建合适的团队

- 利益相关者关系

你的书面文档应该足够长，以表明你仔细考虑过了；但又要足够短，以便决策者会实际花时间来阅读它。这份文档也许会有 10 ～ 12 页的篇幅。它需要有令人兴奋的标题和新的想法。这是你为什么应该得到这个职位的推销宣言，所以要有说服力。它并不关乎你是谁（不是简历），而是关乎你可以给该职位带来些什么东西（你的想法、你对

第 9 章
主动性：主动提出升职要求

能实现哪些目标的愿景、你与公司需求的契合度）。"写下你作为领导者的想法"这种练习会迫使你去真正思考：如果你就任了新职，你能给公司带来什么？

例如，我曾和一位想成为集团人力资源总监的客户合作过。我协助并鼓励她写下了这样一份书面文档，以说明如果她被任命担任这个职务，她将为公司带来什么。这份文档包含了她的许多想法，其中涉及公司的新员工指导、新人力资源规划方法以及公司内部文化改进的一系列选项。集团首席执行官对我的客户主动进行具有实质性内容（而不仅仅是停留在口头上）的升职推销印象非常深刻，而且他也觉得她的想法很有质量。令我的客户感到意外的是，集团首席执行官不再对现任集团人力资源总监的工作感到满意，这份文档起到了变革催化剂的作用。我的客户最终在新财年担任了这一新职务。

案例

西尔莎：如何积极主动地确保自己升为副总裁

西尔莎（Saoirse）二十多岁时在一家初创科技

221

公司担任初级产品经理。和她一起工作的还有其他十几位产品经理。公司的报告结构相对扁平，十几位产品经理都直接向首席执行官汇报工作。员工大会常常令所有参与者都感到沮丧而起了反作用。

这位首席执行官是位创业者，而非技术通。在会议上，产品经理们会十分详细地讨论他们的产品、项目及相关问题，而首席执行官则对接二连三的一大堆细节以及十几个人都没有提供更具战略价值的信息感到沮丧。同样，产品经理们也发现，当他们需要首席执行官签字同意时，对方很难接近，而且就算是简单讨论，这位首席执行官也经常拖延。

西尔莎（可能还有其他一些产品经理）知道：从长远来看，这种情况是不可持续的。很显然，产品经理们需要一个能理解他们在谈论什么的管理者，这位管理者可以把最重要的信息传达给首席执行官，而首席执行官则可以根据这些关键信息做出决定。西尔莎意识到她有足够的技术知识和沟通技巧来完成这项工作，但24岁的她还从未管理过任何人。

第9章
主动性：主动提出升职要求

于是，西尔莎开始行动了。她参加了为期一天的管理发展课程，并利用当天学到的一些东西提出了一个关于新报告流程的建议，其中包括设立一个产品管理副总裁的新职位，该副总裁将管理团队并直接向首席执行官报告。一天下午，西尔莎安排了一次与首席执行官的谈话，她与对方坐在一起时非常紧张。她向这位首席执行官展示了这份文档，并就新报告流程的好处、该流程如何提高产品经理们的工作效率，以及如何使他的生活更轻松等问题进行了讨论。这位首席执行官平静地靠坐在他的椅子上，并说道："我很高兴你们中的一个终于站了出来——我希望有人能站出来！这就是我们要做的……"

但首席执行官没有立即给她升职。他让她去和产品经理团队谈谈，看看大家是否都认为这是个好主意。如果他们明白了设立这样一个新职位的价值，那么他会支持这个想法并使之成为现实。在接下来的几个月里，西尔莎向产品经理团

> 队提出了这个想法，一开始是在非正式场合提的，然后是在更正式的场合提的。6 个月后，西尔莎就成了 24 岁的产品管理副总裁。

9.3 你的关键任务：写下你的职位愿景和预期工作重点

如果你有一份书面文档，它描述了你对该职位的三年愿景、你上任后的头 12 个月工作重点，以及你计划在上任后的头 100 天中做些什么来加速起步，那该文档将会在你争取升职的过程中发挥更强有力的推销作用。

你的下一个职位	
职位愿景 设想你对该职位的三年愿景	我希望在担任该职位的三年内实现与以下方面有关的目标： ● 愿景与战略 ● 人员与团队 ● 成果与可交付物
头 12 个月工作重点 考虑你想在三年内实现什么目标，你在头 12 个月的工作重点是什么	我上任后的头 12 个月的关键业务领域：
头 100 天计划 现在，考虑一下职位愿景和工作重点，写下你的上任后的头 100 天计划	在上任后的头 100 天结束时，我最期待的 10 项成果：

Your Next Role

10

How to Get Ahead and
Get Promoted

达成协议

- 执行你的升职计划
- 准备好谈判：没有加薪的升职不是真升职
- 如果公司拒绝给你升职该怎么办
- 你升职了……现在要干什么？上任后的头 100 天很重要

第 10 章
达成协议

10.1 执行你的升职计划

让我们共同努力，制订你的升职行动计划吧。记住：做点什么，就会发生点什么。什么都不做的话，就什么也不会发生。

> 做点什么，就会发生点什么

让我们回过头来看看全部 7 个"P"以及相关的主题和关键任务，这样你就可以全面反思本书提出的所有见解和经验教训，并决定下一步具体要做什么（见表 10-1）。你应该为完成你的关键任务设定一个期限。根据你与之产生共鸣的内容，你可以相应地自由调整涉及每个"P"的行为，但不要忽视极为重要的 7 个"P"中的任何一个。如果有某个"P"让你特别不舒服，那就更要注意完成与这个"P"相关的关键任务。

表 10-1　你的升职计划

7 个 P	主题	关键任务	何时完成
目标（Purpose）：你为什么想要升职	设定你的职业生涯最终目标 升职是一条领导力之路	制订你的职业发展规划	
赋能（EmPower）：掌控你的职业生涯	收回对职业生涯的掌控权 创造，不要等待	列出赋能策略清单	
个人影响力（Personal Impact）：对自己担任更高职位的能力充满信心	欣赏你的经验 驯服你内心的那个批评声	阐明你的升职价值主张	
公司政治（Politics）：积累对你有利的机会	学会读懂公司 建立升职影响力和升职筹码	了解你升职过程中的公司政治学	
人（People）：弄清楚谁是真正的决策者	确定决策者及其影响者 发起你的利益相关者运动	找出你的关键利益相关者	
业绩（Performance）：交付出色成果以赢得关注	建立一个令人印象深刻的成果展示平台 发现新一波大浪潮	提出你的新想法	
主动性（Proactivity）：主动提出升职要求	何时以及如何提出升职要求 准备好升职推销	写下你的职位愿景和预期工作重点	

在熟悉了本书内容并制订了你的升职计划后，请记住：接下来的关键一步就是提出升职要求。

> **来自高层的忠告**
>
> 我很早就认识到，你获得升职并不只是因为埋头苦干和执行各种任务。除此以外，升职还涉

及很多其他因素。这需要时间，而且你需要在成为领导者的过程中制订计划并将该计划融入你的发展中。升职的关键要素包括知名度、建立人际关系网，以及用一种非常积极的方式在公司内外树立你的形象。所有这些都需要通过你设法在公司里做的事情来支撑。人们需要了解你在做什么以及你将为企业带来什么样的价值。升职是讲技巧的，它不是偶然或靠运气就能获得的。你需要懂得如何提高你的知名度，促进你的发展，并最终使自己获得升职。你需要培养能够做好这三件事的能力，你必须计划好这一切。

达伦·普赖斯（Darren Price）
英国皇家联合太阳保险集团
（RSA Insurance Group）
首席信息官兼执行董事

制订一个计划。一旦你决定了自己想要什么，那接下来就要坚持不懈地追求目标，并尊重所有人，不管他的职级比你高还是比你低。我的计划始终围绕着提高我的受教育水平，使自己在公司中担任合适的职位，虽然我从不忽视我在日常工作中应该做的事情，但我也开始承担起我想要的职位的一些职责。通常情况下，领导者乐于将责任下放给他人，你通过展示自己完成这些任务的能力，你也就是在证明：你有能力在更高层面上运作。抓住机会——寻找空缺职位，确保人们知道你想要升职。

想想世界上最出色的销售员——如果他们准备结束买卖，他们就会要求客户下订单。这是件很简单的事，但要通过向人们提出你想要什么来确保他们知道你有抱负，同时要确保你拥有业绩记录来说明你取得了什么样的成果以及你为什么适合该职位。

约翰·奎恩

Digicel 集团首席技术官

首先，把注意力集中在你所在公司和你的领导最头疼的地方。根据我的经验，最大程度的发

> 展与最具影响力的项目是息息相关的，这使得你在为公司带来真正改变的同时，也为自己争取到了重要的拓展和曝光机会。其次，要制订一个计划。想一想你最终想担任什么职位。专注于"从目标开始"这一点，然后重新制订实现该目标所需的发展步骤。这可能涉及在你的舒适区以外承担其他职位或职责以积累经验。最后，积极主动地去做每件事。你将对你自己的智慧以及这种积极主动为你打开机会之门的方式感到惊讶。
>
> 卡尔·菲茨西蒙斯（Carl Fitzsimons）
> 泰国联合冷冻食品公司（Thai Union）
> 人力资源总监

10.2 准备好谈判：没有加薪的升职不是真升职

虽然你的目标是升职，但我们要非常清楚这意味着什么。如果你没有因新头衔或新职责获得加薪，那你就并没有真正获得升职。如果你的职业规划表明你是有意选择的横向调动，是在为将来的升职重新定位，那就没问题了。或者，如果你是想加入一家更大牌的公司，想为你职业生涯的长期战略服务的话，你甚至可以往后退一步。只要掌控好你的职位调动并了解其背后的理由，然后你就能做你

> 只要掌控好你的职位调动并了解其背后的理由，然后就能做你想做的

想做的。但是，如果你想升职，并得到了除加薪以外的一切，那么不用任何人告诉你，你就知道：你并没有获得真正的升职。

遗憾的是，有些领导很会操纵别人，他们会以告诉你他们要给你升职的方式来利用你对成功的渴望，使你很兴奋，但后来又会说预算中没钱加薪。他们会利用成本削减和经济衰退这样的背景来辩解，并设法以有利于他们自己的口吻来描述这样做的理由：至少你会获得更高的头衔、更多的经验以及拓展未来升职前景的机会。

也许更棘手的是，当你获得升职时，人力资源部门随后提供的一揽子待遇比你预期的要低。你的领导可能不会选择为了你去与人力资源部门据理力争，而你也不想被视

第 10 章
达成协议

为忘恩负义或贪婪之人。一方面，你可能会觉得直接提出预期待遇会危及你的机会；另一方面，这又可能给人一种"对你很不公平"的感觉。不过，这是你的大量筹码发挥作用的情景之一。如果这是一种逐步晋升，并且公司也在为你可能的成功投资时，那你也许要等到下一年的绩效考核时再来重新就你的升职待遇进行谈判。到那时，你将证明你自己。另外，如果你因为有充分的理由来解释他们为什么需要你而觉得自己握有大量筹码，或者你有其他的职位选择，那么你现在就处于一个非常有利的位置来就更好的升职待遇进行谈判。一开始你可能不得不忍受较低的工资增长，不过一旦进入角色，谈判的筹码会随着时间的推移转移到你这边，这时就是你确定合适的升职待遇的时候了。

虽然决策者和人力资源部门似乎比你更有筹码，但请你不要放弃。你应该就你的升职待遇做好预期、抵制和谈判的准备。要做到这一点，就要提前预期低加薪或不加薪的可能性，并准备好为了自己的利益据理力争。尽早做到这一点的一种方法就是，在你第一次要求升职时就明确说明你所说的"升职"是什么意思。换言之，当你要求升职时，要充分说明你的意思是"升职且加薪"。

（1）准备好谈判

- 用事实而不是情绪来说明你的情况
- 利用任何你可以利用的筹码

（2）研究完整的升职待遇方案。如果某个方面是不可谈判的，那你或许可以在其他方面获得更多好处：

- 薪资
- 职位
- 办公室或办公桌位置
- 带薪假期
- 其他福利（如领导力开发课程）

10.3　如果公司拒绝给你升职该怎么办

如果你觉得自己已经为升职付出了所需的努力，而你的领导或所在部门对你承诺的投入又没有新的进展，那么你需要改变自己所处的环境。这可能意味着从公司一线内部调动至公司总部，或者转到公司其他部门，或者调动到其他地区。从根本上来讲，你需要找到一个更好的领导和一个你认为自己可以在其中真正蓬勃发展的新环境。这也可能意味着换家新公司。不过，即使你对现在的公司不满，也要仔细权衡加入新公司的主要风险和主要好处（见表10-2）。跳槽到一家你没有业绩记录的公司具有内在风险。你不完全了解新公司的文化或其公司政治，尽管这可能会给你一种又要从头开始建立声誉、从头开始与新的利益相关者建立联系的感觉，但加入新公司也可能代表了一次重新开始的机会。如果你觉得自己能在新公司创造一个更美好的未来，那这就是决定你换家公司的最终因素。记住，一定要等到你与新公司签了工作合同后才向原公司递交辞呈。

表 10-2 加入一家新公司的主要风险和主要好处

加入一家新公司的主要风险	加入一家新公司的主要好处
没有信誉储备	可能是一个重新开始的机会
对新公司的文化及公司政治缺乏审时度势的了解	可能会有更高的薪酬和升职待遇方案来补偿你的跳槽决定
在你成功融入新公司之前，你的主要保荐人可能无法提供足够的支持或者可能离职	加入一家新公司为你提供了诸多新的可能性。它可能使你重新焕发活力，并重振你的事业。重大的转变预示着重大的成长机会
在你的现公司里，你可以依靠自己的业绩记录和多年来与他人建立的良好关系来完成任务。而在一家新公司里，不管你有多资深，经验有多丰富，你都可能会发现：要在新的公司文化背景下完成任务，很难	

当然，你不必为考虑换家新公司而感到不满。也许你获得了一份让你无法拒绝的工作。或者，你的职业发展规划所需要的经验只有你的新公司才能提供。想想你会放弃什么，会得到什么。你的级别越高，加入一家新公司所冒的风险就越大——因为你还不了解新公司的公司政治是如何运作的。考虑到这样的风险，如果你没有在新公司取得成功的话，你可能会在两年内被踢出这家公司。如果发生这种情况，你有应急计划吗？

> **你有应急计划吗**

案例

戴维：为什么在离职之后又重新加入原来的公司

戴维（David）在一家大型跨国科技公司工作了10多年，先后担任过销售和营销方面的4个高级经理职位。但是，他似乎从未获得过晋升为总监的机会。戴维对自己的处境感到厌倦，并开始在公司以外申请某些职位。一家规模小很多的公司为他提供了一个薪资更高的高级经理职位,他接受了这份工作。

在加入这家新公司的数周内,戴维就弄清楚了多种改善业务运营的方法。一些现有流程效率低下导致公司的时间和资金被白白浪费。他去找了自己的直接领导(营销执行副总裁),与对方讨论了如何简化这些会对公司产生巨大影响的流程。因为戴维的原公司规模比这家新公司大得多,所以他已经习惯于真正地据理力争,他用一个强有力的商业案例和大量证据来支持他的论点。戴维的领导立即明白了这项提议的价值,并说:"太棒了,我们现在就把这个汇报给 CEO 及领导团队吧。"

戴维很震惊。在他以前的工作中,他需要等上数月才能见到真正的决策者,并且就算他有这样一项强有力的提案,要推动变革和确保得到各方认可也仍需经历一番激烈的公司政治博弈。戴维和他的现领导向 CEO 及领导团队介绍了该新流程,并立即获得了他们的支持。戴维对事情办得如此轻松感到惊讶。当然,这是一家规模更小、结构更为扁平的公司。但事实很简单：在对的支持者的力挺下，通过展示他对于公司的价值，戴维得以见到领导团队并赢得他们的支持。在加入这家公司 8 个月后，戴维成了 CEO 及领导团队值得信赖的顾问，并被提拔为公司的高级主管。

几年后，在另一家小公司担任执行副总裁的戴维听说了他以前的公司（即那家规模更大的跨国公司）有个总监的职位空缺。在 5 年前离开这家公司时，戴维并没有打算再回来。但尽管如此，他还是有意识地做出了努力，以非常好的条件离开了这家公司。另外，他还为自己的继任者留下了一份全面的交接计划，并给与他共事多年的高管和同事写了个人便条，感谢他们所做的一切。

戴维和他以前的几位同事取得了联系，想打听现在的招聘经理是谁。戴维得知，招聘经理是位资深人物，在他离开前就在这家公司工作，不

第10章
达成协议

过他们从未见过面。戴维通过自己的人脉联系上了这位招聘经理，并告诉对方，他对这份工作很感兴趣；他还简要地介绍了他为什么适合这个职位，并问她是否认为他应该申请。这位招聘经理给戴维打了电话，邀请他去聊聊。戴维受到了热情接待——她询问了戴维的情况，并听到了关于他的一些很棒的事情。凭借过去几年在"小公司"担任主管和副总裁的经验以及他的良好声誉，戴维被再次聘为了"大公司"的总监。

反思自己的经历，戴维质疑他过去是否真的有必要离开。没错，通过加入一家新公司，他获得了相当多的经验；而且，大公司的升职速度无疑会慢得多，竞争也会更激烈。但是，在他还没有离开这家大公司的时候，如果他直接去找总经理，并告诉对方：他想要更多有意义的项目和机会来展示自己的战略价值，来证明自己获得升职是有道理的，那又会怎样呢？

10.4　你升职了……现在要干什么？上任后的头 100 天很重要

> **上任后的头 100 天会为你剩下的任期定下基调**

恭喜你升职了！现在，想一想你要如何在新职位上有个积极的开始。上任后的头 100 天会为你剩下的任期定下基调。作为领导者，这是你重新设定和更新自我形象的机会。这也许标志着你为升职所做的所有努力告一段落，但实际上这是个新的开始。这是最终会成为你新职位"遗产"的起步阶段，良好的开始是个好兆头。

以下内容节选自我所著的《100 天成就卓越领导力》一书，该书于 2011 年由培生（Pearson）集团旗下金融时报出版社出版。

我会成功还是失败

任职伊始，你既充满了兴奋和期待，又有些紧张。从众多升职候选人中被挑选出来担任重要职位，有种身为"特别的那一个"的感觉。

第 10 章
达成协议

然而,你还会有种恐惧感——"我真的够好吗?""我会成功还是会失败?"

不管经验有多么丰富,领导者和其他人一样都是情绪化的人。根据我的经验,所有人在上任后的头 100 天里都会在"特殊的那一个 / 优越感"和"令人担心的那一个 / 自卑感"之间摇摆不定。在头 100 天的起始阶段就调节好你的情绪是你成功的关键因素。当刚开始就任某个重要职务时,一些高管会因为恐慌和害怕失败而感到不知所措;而另一些人则过于自信,完全低估了未来的挑战。试着从一开始就保持冷静和理智。如果你能脚踏实地,从一开始就能使自己保持镇静和自信,那你就是在给自己创造机会,使自己在这个职位上尽可能有个好的开始。

虽然这似乎是件很奇怪的事(对那些认为其领导总是知道该怎么做的初级员工来说尤其如此),但我注意到,很多高管根本不知道如何正确开展他们的新工作。毕竟,有太多的事情要做——有时很难知道如何迈出第一步并着手实施。诱惑就摆在那,简单地一头扎进去解决第一个出现的问题,然后一个接一个地解决其他问题。这种"陷入困境"式的做法就是他们对如何开展新工作的回答。这的确是一种解决方式，但过于被动，肯定不是开展新工作最深思熟虑或最具战略性的方式。

你上任后的头 100 天很重要

你在新职位上是会成功还是会失败？成功与失败之间的差异反映出你上任后的头 100 天很重要，并且这种差异会对你的整个职业生涯产生影响。

如果你在上任后的头 100 天里成功了，那很显然，你为头 12 个月的成功打好了基础。你之所以想在这个职位上取得成功，是因为该职位本身是你升职所得到的，你需要做好这项工作。不过，你也要放眼全局。如果你把这个职位的工作做好了，在这个职位上取得了比预期更好、更快的成功，那么很自然地，你就更有可能很快（甚至更快）晋升到一个更高的职位，因而你也就可以继续享受自己的职业抱负加速成功所带来的喜悦。

从一开始就把这个职位的工作做好，你就会更快地晋升到下一个职位。反之亦然。如果你起步很慢，或者"没有开始"，那么想象一下：要想挽回失去的时间，设法

第 10 章
达成协议

在以后取得成功会有多困难。如果你从一开始就没有把这个职位的工作做好，那么你再想在这个职位上取得成功的话，就要冒很大的风险，这会阻碍你未来的职业发展。毕竟，如果你不能在这个职位上取得成功，那为什么还要再给你一次升职的机会呢？从你职业生涯的全局来看的话，高级职位任命后的头 100 天的重要性不容被低估。

头 100 天的挑战：常见陷阱与危险因素

对希望在上任后的头 100 天取得成功的新晋领导者来说，其首要任务是编制正确的战略优先事项，并始终专注于这些优先事项。在我作为 First100 创始人和顾问的专业工作中，我列出了每个过渡阶段固有且会对新晋领导者产生影响的共同挑战。这些挑战可能会破坏这项首要任务的良好意图，并阻碍其成功完成。

	头 100 天的挑战
时间压力与紧张的学习过程	熟悉并了解新职位的工作内容需要时间，但公司和市场不会放慢脚步来等你。由于你仍需做出决定，压力可能会因此增大，同时为了保持有效运作，你需要对压力进行管理

(续)

头 100 天的挑战	
被眼前的"救火"和任务驱动优先事项压得喘不过气来	"忙碌起来"并投入到公司当前的任务和问题中很有诱惑力。但你需要有坚强的个性,退后一步并花点时间来研究一下全局:哪些任务你应该继续?哪些应该停止?你应该开始做些什么
需要投入精力建立新的人际关系网及新的利益相关者关系	脱离人去谈正确的愿景和战略没有意义。文化可能是密集而缓慢地发展的——人们可能会抵制你带来的变化。你要尽早投入时间和精力来建立影响者及利益相关者网络
处理前任遗留问题	取决于你前任的素质,你所在部门的声誉可能很好也可能不好,你的团队可能养成了不良的习惯、行为和行为准则,这些都需要时间来解决。或者,你可能不得不忍受这样的情形:接替一位备受爱戴的前任,却因为你当前的任务是改变团队以前的做事方式而遭人怨恨
延续旧团队或创建新团队以及做出艰难人事决策的挑战	不要期待表现不佳的人在你上任之前都被淘汰了。在你上任后的头 100 天里,你的一项关键任务是评估你的团队素质:谁留下、谁离开以及还需要哪些人加入团队。遗憾的是,表现最优的团队成员现在可能会因为没有成功升职到你目前的职位而灰心丧气或充满怨恨,以至于暂时表现不佳
对于外部新晋者:缺乏新公司文化方面的经验可能导致你疏忽失言和在公司政治方面的早期失误,所有这些都需要时间来弥补	从无伤大雅到意义重大,你所做的一切都可能被认为是你的性格使然。仅在开会时看手机就可能严重冒犯你在新职位上的利益相关者,他们可能会认为这是你无礼、冷漠和傲慢的表现。你需要保持高度警觉,有意识地收集与可接受规范及行为有关的线索
在做得太多和做得太少之间取得适当的平衡	新晋者有时会惊慌失措,这可能会导致他们要么做得太多("散弹枪"方法,但不能解决核心问题),要么做得太少("头三个月我只是听,然后再决定做什么")。这两种极端都办不成事,你要在它们之间找到适当的平衡

第 10 章
达成协议

当你满脑子正想着为自己成功升职庆贺时,给你一份新的挑战清单似乎不太合适。庆贺你的成就,在就任新职前好好休息一下,这并没有错。但你随后要安下心来,花时间为自己在新职位上取得成功做好准备。从一开始就在新职位上做好,你就更有可能再次升职——并且更快!

我写过两本关于这个主题的书:一本是《100天成就卓越领导力》,另一本是《100天带好你的团队》,你可以参考这两本书。我在书中深入探讨了"如何在你的新职位上快速起步,以使你为上任后的头12个月及之后的任期取得成功做好准备"。我特别希望你能关注First100assist™框架,该框架就如何编写"头100天计划"提供了专业的建议。

ACKNOWLEDGEMENTS
致　　谢

感谢科尔姆·弗勒德（Colm Flood）主持访谈过程、撰写案例研究并收集高管语录。感谢艾米·库阿（Eimee Kuah）的建议和鼓励。特别感谢约翰·奥基夫（John O'Keeffe）的有益贡献和及时评论。最后，我要感谢我的编辑——培生出版集团的戴维·克罗斯比（David Crosby），感谢他的支持和耐心。

出版商致谢

我们感谢以下各方允许我们复制版权材料：

领英EMEA总经理阿里尔·埃克斯坦、杨森制药公司主席简·格里菲思、哈佛大学客座研究员兼毕马威多元化与包容性主管斯蒂芬·弗罗斯特、德勤咨询创新

致　谢

与交付模式管理合伙人维米·格雷瓦尔-卡尔、天空广播公司首席战略官梅·法菲尔德、埃森哲咨询公司大区总裁彼得·斯科德尼、普华永道主席兼高级合伙人伊恩·鲍威尔、医疗器械公司运营总监科拉姆·霍南、BT Business/SME 运营总经理加雷思·麦克威廉斯、Eircom 电信公司总经理比尔·阿彻、荷兰银行集团私人银行国际部人力资源主管戴维·胡森贝克、美国国际集团英国区总经理杰奎琳·麦克纳米、Al-Futtaim 公司首席人力资源官约翰·哈克、微软公司受众营销总监迈克尔·克里夫、金融服务公司高级副总裁安杰尔·加维勒洛博士、英国大东电报局业务解决方案首席执行官劳里·鲍恩、电信行业接入服务副总裁延斯·巴克斯、技术行业集团高级经理琼·霍根、Continuity 公司首席营销官彼得·罗林森、英国保险行业跨国人力资源主管乔治娜·法雷尔、劳斯莱斯共享服务人力资源主管马库斯·米勒希普、澳大利亚联邦银行国际金融服务首席信息官安德鲁·法默、快速消费品行业 Glenilen 农场公司营销主管阿夫里勒·图米、安永 EMEIA 交易咨询服务负责人安德烈亚·圭尔佐尼、Digicel 集团首席技术官约翰·奎恩、联合利华欧洲区前总裁扬·席德维德、英国皇家联合太阳保险集团首席信息官兼执行董事达伦·普赖斯、泰国联合冷冻食品公司人力资源总监卡尔·菲茨西蒙斯。

明茨伯格管理经典

Thinker 50终身成就奖获得者,当今世界杰出的管理思想家

写给管理者的睡前故事
图文并茂,一本书总览明茨伯格管理精要

管理者而非MBA
管理者的正确修炼之路,管理大师明茨伯格对MBA的反思
告诉你成为一个合格的管理者,该怎么修炼

拯救医疗
如何根治医疗服务体系的病,指出当今世界医疗领域流行的9大错误观点,提出改造医疗体系的指导性建议

战略历程(原书第2版)
管理大师明茨伯格经典著作全新再版,实践战略理论的综合性指南

管理进行时
继德鲁克之后最伟大的管理大师,明茨伯格历经30年对成名作《管理工作的本质》的重新思考

明茨伯格论管理
明茨伯格深入企业内部,观察其真实的运作状况,以犀利的笔锋挑战传统管理学说,全方位地展现了在组织的战略、结构、权力和政治等方面的智慧

管理至简
专为陷入繁忙境地的管理者提供的有效管理方法

管理和你想的不一样
管理大师明茨伯格剥去科学的外衣、挑战固有的管理观,为你揭示管理的真面目

战略过程:概念、情境与案例(原书第5版)
殿堂级管理大师、当今世界优秀的战略思想家明茨伯格战略理论代表作,历经4次修订全新出版

战略过程:概念、情境与案例(英文版·原书第5版)
明茨伯格提出的理论架构,就是战略过程看做制定与执行相互交织的过程,在这里,政治因素、组织文化、管理风格都对某个战略决策起到决定或限制的作用